WAS SIE SCHON IMMER ÜBER NETWORK MARKETING WISSEN WOLLTEN

DIREKTE ANTWORTEN
AUF HÄUFIG GESTELLTE FRAGEN
ZUM NETWORK MARKETING

DON & NANCY FAILLA

Was Sie schon immer über Network Marketing wissen wollten:
Direkte Antworten auf häufig gestellte Fragen zum Network Marketing

Dieses Buch wurde für jeden geschrieben, der ein besseres Leben will.

MLM Training Multimedia und Verlags GmbH
6020 Innsbruck, Austria
www.mlm-training.com

ISBN 978-3-902114-38-9

GEDRUCKT IN DER EUROPÄISCHEN UNION

Inhaltsverzeichnis

Vorstellung von Don und Nancy Failla

Nancy und ich sind seit über einem Vierteljahrhundert im Network Marketing tätig. Diese 38 Jahre waren lohnend, aufregend, interessant und vor allem ... sie haben Spaß gemacht! Wir haben zwei prima Söhne großgezogen und weil uns der Network Marketing Lebensstil die Zeit dazu gibt, das zu tun, was wir wirklich tun wollen, war es Nancy und mir möglich, viel Zeit mit Douglas und Gregory zu verbringen als sie aufwuchsen. Wir waren da, um ihnen Unterstützung zu geben als sie diese brauchten, wir waren da, um ihre Triumphe zu teilen und ihnen durch die schwierigen Zeiten zu helfen, die jeder erlebt.

Zusätzlich zu der Zeit, die wir mit unserer Familie verbringen konnten, versorgte uns das Network Marketing mit dem erforderlichen Einkommen, um diese Jahre wirklich zu genießen ... und das tut es immer noch. Wir waren in der Lage, dort zu leben, wo wir leben wollen, und zu tun, was wir gerne tun ... zusammen, als eine Familie. Wir sind in jede Ecke der Welt gereist und haben Hunderttausenden von wunderbaren und interessanten Menschen die Botschaft vom Network Marketing überbracht. Viele dieser Menschen schlossen sich der Network Marketing-Familie an und „bestimmten Ihr Leben selbst“ – genau wie wir es getan haben.

Während unserer Reisen haben Nancy und ich viele verschiedene Kulturen und Lebensstile erlebt. Aber wohin wir auch gingen, zwei Dinge blieben immer gleich: Erstens sind die Menschen aufrichtig von der Aussicht begeistert, ihr Leben selbst zu bestimmen, und zweitens haben sie jede Menge Fragen dazu, wie Network Marketing funktioniert und wie es ihnen helfen kann, ihre Träume von einem besseren Leben wahr werden zu lassen.

Als wir diese Fragen untersuchten, haben wir festgestellt, dass die gleichen Fragen scheinbar immer und immer wieder gestellt werden. Wir sind auch zu der Erkenntnis gekommen, dass man Fragen und Einwände am besten behandelt, wenn man eine gute aufrichtige Antwort bereit hat und, falls möglich, die Frage vorwegnimmt, d. h. sie selbst stellt und sie dann beantwortet.

In diesem Buch werden Sie direkte Antworten auf die am häufigsten gestellten Fragen zum Network Marketing finden. Um es leichter verständlich zu machen, ist „Network Marketing F&A" in drei Abschnitte eingeteilt. Abschnitt Eins beschäftigt sich mit jenen Fragen, die meistens von neuen Geschäftspartnern gestellt werden. In Abschnitt Zwei sind Fragen aufgeführt, die üblicherweise von beginnenden Vertriebspartnern gestellt werden. Abschnitt Drei deckt die Fragen ab, die fortgeschrittene „ernsthafte" Vertriebspartner am meisten beschäftigen, die ihre eigenen Downline-Organisationen aufgebaut haben. Wenn Sie auf einen Ausdruck oder eine Formulierung stoßen, die Sie nicht kennen, dann lesen Sie in dem kurzen Glossar am Ende des Buchs nach.

Unabhängig davon, ob Sie im Augenblick in der Network Marketing Branche tätig oder nur neugierig sind, *„Was Sie schon immer über Network Marketing wissen wollten"* wird für Sie eine Quelle von unschätzbarem Wert sein. Wenn Sie ein ernsthafter Vertriebspartner sind, dann sollten Sie nicht den Fehler begehen, die ersten beiden Abschnitte zu überspringen. Nicht nur würden Ihnen Informationen entgehen, die Ihnen helfen werden, die Fragen Ihrer neuen Geschäftspartner und Downline-Vertriebspartner besser zu beantworten, sondern Sie werden durch das Lesen dieser Abschnitte ganz sicher auch neue Einsichten gewinnen, wie Sie Ihre Organisation reibungsloser und profitabler machen können.

Da dies die dritte Ausgabe von *„Was Sie schon immer über Network Marketing wissen wollten"* ist, haben wir vielleicht einige Fragen übersehen, die Sie für wichtig halten. Hier können Sie uns helfen. Um dieses Buch noch besser machen zu können, bitten wir Sie, uns Fragen zu senden, die Sie gerne beantwortet haben möchten. Wir versprechen Ihnen, eine prompte Antwort zu senden und Ihre Frage für eine mögliche Aufnahme in zukünftige Ausgaben von *„Was Sie schon immer über Network Marketing wissen wollten"* in den Unterlagen zu bewahren.

Senden Sie Ihre Fragen per E-Mail an:
Don und Nancy Failla unter donfailla@mlm-training.com

Wir danken Ihnen im Voraus, dass Sie sich die Zeit nehmen, dies zu tun. Nancy und ich betrachten diese Ergänzung der wachsenden Sammlung von

Schulungsmitteln als eine wichtige Hilfe, wenn es darum geht, Ihnen beim Aufbau Ihres erfolgreichen Geschäfts von zu Hause aus zu helfen.

Wir freuen uns darauf, Sie bei einer unserer vielen unterhaltsamen, informativen und motivierenden Un-Conventions begrüßen zu dürfen. Wenn Sie neu im Network Marketing sind ... Willkommen in der Familie!

Mit freundlichen Grüßen

Don und Nancy Failla

Abschnitt Eins:

Fragen, die üblicherweise von neuen Geschäftspartnern gestellt werden

Wie viel wird es mich kosten, wenn ich mit dem Network Marketing beginne?

Viel weniger als Sie denken! In manchen Fällen wird es Sie praktisch nichts kosten, mit dem Aufbau Ihres eigenen heimbasierten Geschäfts zu beginnen. Der tatsächliche Betrag der erforderlichen Investition wird von dem jeweiligen Unternehmen abhängen, mit dem Sie zusammenarbeiten möchten. Weil es Dutzende von Produkten und Dienstleistungen gibt, die diesen verbraucherorientierten Vertriebsweg nutzen, kann die jeweilige Aufnahmegebühr zwischen Null und mehreren hundert Euros schwanken.

Jedes Unternehmen hat seinen eigenen Produkt- und Marketingplan. Einige dieser Unternehmen werden keine Anmeldegebühr berechnen, sondern Sie dazu auffordern, ein Starterset mit den ersten Produktmustern zu erwerben. Andere berechnen vielleicht einen höheren Betrag für den Start, werden Sie aber mit einem Marketing-Kit und in manchen Fällen mit Mustern des Produkts ausstatten.

Wenn Sie dies mit den Startkosten der meisten selbständigen Tätigkeiten vergleichen (Büro / Laden, Miete, Ausstattung, Inventar, Mitarbeiter) ... dann bietet Network Marketing eine aufregende, angenehme und profitable Alternative zu dem normalerweise komplizierten und teuren Vorhaben.

Was genau ist Network Marketing und wie funktioniert es?

Network Marketing ist eine Methode, Produkte oder Dienstleistungen zu vertreiben, die die meisten Menschen mit Direktverkauf verwechseln. Die Art und Weise, wie dies funktioniert, wird eigentlich schon durch den Namen beschrieben ... es handelt sich um ein Marketingmittel, das mehrere Ebenen mit Menschen in einer Organisation nutzt, um Waren und Dienstleistungen vom Produzenten zum Verbraucher zu bewegen, wobei direkter Kontakt von Mensch zu Mensch eingesetzt wird.

Provisionen und Gewinne werden auf jeder Ebene der Organisation verteilt. In der traditionellen Einzelhandelssituation verrichten einige wenige Verkäufer in einem Geschäft den ganzen Tag lang eine Menge Arbeit und verdienen normalerweise sehr wenig Geld im Vergleich zu den Gewinnen, die vom Unternehmen erzielt werden. Beim Network Marketing sind eine Menge Menschen am Vertrieb des Produkts beteiligt. Folglich hat jede Person viel weniger Arbeit zu verrichten, wenn ein Produkt bewegt wird.

Die im Network Marketing tätigen Unternehmen können mehr Menschen mehr Geld bieten, weil das Verfahren so effizient ist. Auf Netzwerken basierende Unternehmen können eine Reihe besonders teurer Geschäftsausgaben vermeiden. Beim Network Marketing muss man keine Kette von Einzelhandelsverkaufsstellen aufbauen und unterhalten. Man braucht keine landesweiten Anzeigenkampagnen. Weil die Menschen in der Organisation als unabhängige Unternehmer arbeiten, wird kein großes Kontingent hochbezahlter Führungsmitarbeiter benötigt, die dafür sorgen, dass die Arbeit getan wird. Beim Network Marketing wird die Arbeit getan, das Produkt wird beworben und geliefert, weil die Menschen, die die Arbeit verrichten, für ihren Einsatz gut bezahlt werden und weil sie für sich selbst arbeiten: sie haben die Freiheit, ihr Leben zu genießen.

Gibt es andere Begriffe, die das Gleiche bedeuten wie „Network Marketing"?

Ursprünglich nannte man es „Multi-Level-Marketing" oder MLM. Es gibt verschiedene andere Begriffe, die prinzipiell dasselbe bedeuten. Manchmal wird diese Geschäftsmethode als „Network Marketing", „Empfehlungsmarketing", „Verbraucher Direktmarketing", „Aufbau von einem Geschäft von zu Hause aus" oder „Progressives Marketing" beschrieben. In jedem Fall ist das grundlegende Konzept dasselbe. Die Bewerbung und der Vertrieb des Produkts (mit anderen Worten: die Vermarktung des Produkts) erfolgt über eine mehrschichtige Organisation, die aus Einzelpersonen besteht, die wir „eine Verbraucherfamilie" nennen.

Diese unabhängigen Geschäftsleute teilen entweder die Produkte mit anderen, also gewinnen sie als Kunden, oder sie führen andere in das Geschäft ein und bringen ihnen bei, ihre eigenen Vertriebsnetzwerke aufzubauen (die üblicherweise „Downlines" genannt werden). Der Schlüssel zum Network Marketing, ganz egal wie Sie es nennen wollen, ist die Schaffung von direktem Kontakt ... von Person zu Person ... zwischen Menschen, die etwas über die Produkte lernen und jenen, die sie benutzen und von ihnen profitieren. Folglich ist Network Marketing ein Geschäft „mit Menschen".

Wie lange gibt es das Konzept Network Marketing schon?

Es ist unmöglich, das genau zu sagen. Die Idee, Waren und Dienstleistungen über eine mehrschichtige Organisation zu vertreiben und dabei die Fähigkeiten von Einzelpersonen zu nutzen, die von Zuhause aus arbeiten, anstatt mit Verkäufern in Einzelhandelsgeschäften zu arbeiten, gibt es schon seit mindestens 65 Jahren. Was die Sache wirklich in Schwung brachte, war die Einführung des Computers.

Der Computer ermöglichte es den Unternehmen, die Leute zu verwalten, die ihre Produkte vertraten, den Warenfluss zum Kunden zu überwachen und dafür zu sorgen, dass jeder auf allen Ebenen der Organisation seinen Anteil an den unglaublichen Gewinnen erhielt, die durch das Network Marketing erzielt wurden.

Das enorme Wachstum des Network Marketing in Nordamerika, wo die Idee begann, wurde vor kurzem in anderen Teilen der Welt wiederholt. Das ist keine Überraschung für all' jene, die den Network Marketing Lebensstil leben und das unbegrenzte Potential von Network Marketing verstehen ... weltweit!

Ist Network Marketing ein „Schneeballsystem"?

Absolut nicht! Wenn Sie Schneebälle wollen, müssen Sie auf den Winter warten!

Network Marketing ist eine völlig legitime Geschäftsmethode, genau wie konventioneller Einzelhandelsvertrieb. In beiden Fällen werden Produkte und Dienstleistungen erzeugt, angeboten, vertrieben und verbraucht. Provisionen werden für den Verkauf der Produkte oder Dienstleistungen verdient, zusammen mit den Gewinnen der Unternehmen, die das Produkt oder die Dienstleistung in erster Instanz angeboten haben. Kurz gesagt: Network Marketing ist nur ein anderer Ansatz in der freien Marktwirtschaft.

Schneeballsysteme sind wie Kettenbriefe nicht auf den traditionellen Werten und Prinzipien des freien Markts aufgebaut. Ein „Schneeballsystem" ist wie ein Scheingeschäft. Es sieht zwar so aus, als ob Geschäfte getätigt und Produkte von einem Produzenten zum Verbraucher bewegt würden, in Wirklichkeit ist aber (wie bei einem Scheingeschäft) alles eine Illusion. Für jeden an der Spitze, der etwas Geld verdient, gibt es hunderte oder mehr Menschen, die verlieren ... sowohl ihre Zeit als auch ihr Geld!

Beim Network Marketing sind alle Menschen in der gesamten organisatorischen Struktur Gewinner und jeder hat dasselbe Potential, um die Spitze zu erreichen. Beim Network Marketing ist die Spitze breit genug, um jeden aufzunehmen, der den Wunsch und den Ehrgeiz hat, dorthin zu kommen.

Wie beginne ich mit dem Network Marketing?

Sie beginnen mit dem Network Marketing genau wie alle anderen auch. Jemand, den Sie kennen oder treffen, wird die Begeisterung mit Ihnen gemeinsam haben, die Sie für Produkte oder Dienstleistungen empfinden, die Sie selbst benutzen. Diese Methode wird oft genutzt, es ist aber eine recht langsame Art, Ihr Geschäft aufzubauen. Vielleicht haben Sie auch die Begeisterung für den Network Marketing Lebensstil gemeinsam. Das ist der schnellste Weg, Ihr Geschäft aufzubauen. Wie auch immer, Ihr erster Kontakt mit Network Marketing wird kein Fernsehspot sein oder eine Radiosendung auf Ihrem morgendlichen Weg zur Arbeit. Es wird ein direkter Kontakt mit einer anderen Person sein, eine Person genau wie Sie, jemand, der begeistert ist, wenn er etwas Interessantes oder Nützliches entdeckt und die Begeisterung über die Entdeckung mit anderen teilen will. Es ist genau so einfach und so natürlich wie die menschliche Natur.

Wenn Sie Network Marketing einmal entdeckt haben, müssen Sie entscheiden, wie sehr Sie sich engagieren wollen. Zumindest können Sie das Produkt oder die Dienstleistung kaufen und nutzen. Aller Wahrscheinlichkeit nach wird es von hervorragender Qualität und preislich attraktiv sein und Sie werden ein treuer und begeisterter Verbraucher werden. Sie wollen vielleicht von der Person, die Sie kontaktiert hat, in das Geschäft eingeführt und gesponsert werden. Auf diese Weise können Sie die Produkte zu einem ermäßigten Preis erwerben und ein Einkommen erzielen, indem Sie die Produkte an Ihre Freunde und Angehörigen weitergeben. Sie könnten sogar entscheiden, den nächsten Schritt zu tun und Ihr Ertragspotential zu maximieren, indem Sie andere sponsern und ihnen beibringen, wie sie eine eigene Verbraucherfamilie aufbauen. Unabhängig davon, wie sehr Sie sich beteiligen, ob als Nutzer eines Qualitätsprodukts bzw. einer Qualitätsdienstleistung oder als Leiter Ihrer eigenen florierenden Network Marketing Organisation ... Sie können nur gewinnen. Die Gelegenheit ist da. Sie entscheiden, wie weit Sie gehen wollen.

Wie viel Geld kann ich im Network Marketing verdienen?

Das Schöne am Network Marketing ist, dass nur Sie die Antwort auf diese Frage haben. Das ist kein Versuch, der Antwort auszuweichen. Es ist ganz einfach die Wahrheit. Im Gegensatz zu vielen anderen Aufgaben, wo ein anderer entscheidet, wie viel Sie verdienen werden, besitzen die Menschen im Network Marketing ihr eigenes Geschäft. Sie allein entscheiden, wie viel sie verdienen werden.

Zum Teil hängt die Antwort auf diese Frage auch von Ihrem Engagement für das Geschäft ab. Wenn Sie sich entscheiden, Produkte an Freunde und Familienmitglieder zu verkaufen, werden Ihre Erträge eher gering sein. Wenn Sie die Absicht haben, nur ein paar zusätzliche Euro jeden Monat hinzu zu verdienen, wird dieser Ansatz gut funktionieren.

Wenn es jedoch Ihr Ziel ist, richtiges Geld zu verdienen ... genug, um komfortabel zu leben und Dinge zu tun, von denen Sie immer geträumt haben, dann wird Network Marketing dieses Ziel für Sie erreichbar machen. Zur Erreichung dieses größeren Ziels müssen Sie Ihre eigene „Downline“

Organisation aufbauen. Um das richtig zu tun, werden Sie einige Zeit brauchen und „zur Schule" gehen. Nicht buchstäblich, sondern in dem Sinne, dass Sie lernen müssen, Ihr Geschäft zu etablieren und wie man Menschen anspricht und dazu motiviert, in Ihre Organisation einzutreten und gesponsert zu werden.

In den ersten zwei Monaten während dieser Lernphase sehen Sie vielleicht ein paar hundert Euro ... möglicherweise auch gar nichts. Aber keine Sorge, die Zeit, die Sie zu Beginn „in der Schule" verbringen, wird sich im Laufe der Zeit reichlich bezahlt machen. Es ist nicht ungewöhnlich, dass Menschen, die am Anfang eine solide Organisation aufbauen, innerhalb von ein bis drei Jahren 50.000 Euro pro Jahr verdienen.

Wie viel verdienen die Top-Leute im Network Marketing?

Die erfolgreichsten Menschen im Network Marketing verdienen wirklich sehr gutes Geld. Sechsstellige Einkommen pro Jahr sind nicht ungewöhnlich. Einige der Besten verdienen 10.000 bis mehrere hunderttausend Euro pro Monat. Ja, das stimmt: pro Monat!

Selbstverständlich sind die Menschen, über die wir hier sprechen, äußerst fokussierte und engagierte Personen. Beachten Sie: Ich benutze nicht das Wort „talentiert". Stattdessen beschreibe ich sie als „fokussiert". Talent ist etwas, dass Sie entweder haben oder nicht haben. Aber jeder hat in sich die Fähigkeit, fokussiert zu sein. Alles, was man dazu braucht, ist der Wunsch danach und einen Handlungsplan. Wenn Sie den Wunsch aufbringen können, wird das Network Marketing den Handlungsplan dazu liefern! Um erfolgreich zu sein, müssen Sie etwas wollen!

Vergessen Sie nicht, dass „wie viel Sie verdienen" nicht nur in Bezug auf Geld zu definieren ist. Die Qualität Ihres Lebensstils ist ein zusätzlicher Vorteil, der ganz oben auf der Liste steht. Network Marketing bietet nicht nur ein Einkommen, sondern kann Ihnen in der abschließenden Analyse etwas geben, das viel wertvoller ist ... die Zeit, die man braucht, um das Geld, das Sie verdient haben, zu genießen. Es kann Ihnen und Ihrer Familie eine bessere Lebensqualität geben.

Für welches Produkt oder welche Dienstleistung entscheide ich mich?

Diese Entscheidung ist eigentlich sehr leicht zu treffen. In den meisten Fällen hat die Person, die Ihr Interesse am Network Marketing geweckt hat, dies getan, indem sie Ihnen die Produkte oder Dienstleistungen seines Unternehmens vorstellte. Weil die über Network Marketing vertriebenen Produkte und Dienstleistungen grundsätzlich von sehr hoher Qualität sind, haben Sie es wahrscheinlich ausprobiert und es hat Ihnen gefallen und Sie würden sich gut dabei fühlen, es anderen Menschen zu empfehlen, die Sie kennen. Wenn dies bis dahin nach Ihrer eigenen Erfahrung klingt, dann ist die Antwort auf Ihre Frage offensichtlich ... genau das Produkt, das Sie jetzt benutzen, ist das Produkt, das Sie repräsentieren sollten.

Es muss wiederholt werden, dass Network Marketing ein Geschäft von Menschen mit Menschen ist. Je besser Sie sich mit dem Produkt fühlen, das Sie mit anderen Menschen teilen, desto leichter ist es, mit ihnen darüber zu sprechen. Wenn Sie selbst ein zufriedener Benutzer sind, wird sich Ihre Begeisterung zeigen. Sehen Sie es von dieser Seite. Wenn Sie einen Film sehen oder ein Buch lesen, das Ihnen wirklich gefallen hat, können Sie es nicht erwarten, Ihren Freunden und Ihrer Familie davon zu erzählen. Wenn Sie wie ich sind, dann haben Sie von völlig Fremden gehört, dass sie einen Film ansehen werden und Sie sind direkt auf sie zugegangen und haben ihnen von diesem „tollen Film" erzählt, den Sie gerade gesehen haben und wie sehr Sie ihn empfehlen können. Unsere natürliche Begeisterung für etwas, an das wir glauben, kann alles Zögern und alle Schüchternheit wegfegen. Ein Produkt empfehlen, das Ihnen gefällt, funktioniert auf genau die gleiche Weise ... Sie können es nicht erwarten, dass die Menschen es kennen lernen.

Wo kann ich Informationen über Produkte erhalten?

Die besten Informationsquellen über ein bestimmtes Produkt sind die Person, die es Ihnen vorstellte, und das Unternehmen, das es herstellt.

Jedes Mal, wenn jemand sich entschließt, ein Produkt über Network Marketing zu vertreiben, erhält er oder sie einen Informationskit von dem

Unternehmen, dessen Produkt er oder sie repräsentieren wird. Dieses Starterpaket enthält Hintergrundinformationen über das Unternehmen sowie spezielle Informationen über das Produkt selbst.

Natürlich gibt es keinen Ersatz für „eigene“ Erfahrungen und genau deshalb ist es so wichtig, dass Sie das Produkt in Ihrem eigenen täglichen Leben benutzen. Wissen aus Büchern und Prospekten ist wichtig, aber es ist das persönliche Wissen, das Sie mit der entscheidenden Begeisterung und dem Enthusiasmus erfüllen wird, der erforderlich ist, um Vertrauen und Zuversicht in den Menschen zu erzeugen, die Ihnen begegnen.

Eine Menge Unternehmen benutzen inzwischen DVDs, CDs, Websites und Konferenzschaltungen, um all' die Informationen zu liefern.

Kann ich mehr als ein Produkt gleichzeitig vertreiben?

Das hängt von den Regelungen Ihres Unternehmens ab. Manche verbieten ihren Vertriebspartnern, die Produkte oder Dienstleistungen anderer Unternehmen zu repräsentieren. Die meisten Unternehmen werden wohl keine vertragliche Vereinbarung haben, die Sie daran hindert, aber sie empfehlen es bestimmt auch nicht. Es ist leicht zu verstehen, warum das nicht der Fall ist.

Für mehr als ein Unternehmen gleichzeitig zu vertreiben bringt zwei Probleme mit sich. Einerseits ist es schwieriger, Kontrolle über Ihr Geschäft zu behalten. Zwar ist es nicht schwierig, ein florierendes Network Marketing Geschäft zu verwalten, es erfordert aber Aufmerksamkeit und persönlichen Kontakt mit den Mitgliedern Ihrer Downline. Durch die Hinzunahme eines anderen Unternehmens riskieren Sie, die Konzentration zu verlieren, die so wichtig für den Erfolg im Network Marketing ist.

Zweitens ist einer der wesentlichen Gründe, sich am Network Marketing zu beteiligen, die enorme Freiheit, die es Ihnen gibt, Ihr Leben zu genießen. Network Marketing ist nicht nur profitabel, es macht auch Spaß! Wenn Sie es richtig machen, ist ein Unternehmen genug. Durch die Hinzunahme eines anderen Unternehmens komplizieren Sie die Dinge. Bevor Sie sich versehen, finden Sie sich in dem alten ständigen Konkurrenzkampf wieder und wer will das schon!?

Schulen und unterstützen die Unternehmen ihre Vertriebspartner?

Die meisten der guten Unternehmen bieten die eine oder andere Form der Unterstützung und Schulung für ihre Vertriebspartner an. Die Art der Unterstützung wird unterschiedlich sein. Manche Unternehmen werden detaillierte Informationen über ihre Produkte und Dienstleistungen anbieten sowie eine Beratung, wie man mit dem Geschäft beginnt und eine Downline verwaltet. Manche Unternehmen liefern wenig mehr als ein paar Broschüren über das Produkt und einen minimalen Marketingplan. Die meisten bieten ein ziemlich umfassendes Starterpaket, aber wenig Hilfe, wenn überhaupt, wenn es darum geht, wie man neue Geschäftspartner oder potentielle Kunden kontaktiert.

In jedem Fall ist die Schlüsselperson, wenn es um Ihre Schulung geht, Ihr Sponsor. Es ist die Verantwortung Ihres Sponsors, Ihnen die Schulung zu geben, die Sie brauchen, um im Geschäft erfolgreich zu sein. Es ist wirklich im Interesse Ihres Sponsors, alles zu tun, was möglich ist, um Ihnen zu helfen, erfolgreich zu sein. Auf diese Weise gewährleistet Ihr Sponsor seinen eigenen Erfolg.

Glücklicherweise gibt es Unternehmen, die eine breite Palette unabhängiger Schulungsmittel anbieten, die den Menschen helfen, erfolgreich zu sein. Diese Mittel sind nicht auf ein bestimmtes Produkt oder Unternehmen zugeschnitten. Sie funktionieren bei jeder Art von heimbasiertem Geschäft, weil sie die zu Grunde liegenden Erfolgsfaktoren im Network Marketing in einer leicht verständlichen schrittweisen Form ansprechen. Alles wird behandelt ... wie man Downlines kontaktiert, sponsert, motiviert und schult bis hin zu wie man ein Büro zu Hause einrichtet und viel Geld bei den Steuern sparen kann. Es lohnt sich, diese Mittel einmal zu betrachten. Sie können sie unter www.donandnancyfailla.com finden. (dt. Ausgaben seiner Produkte finden Sie unter www.mlm-training.com)

Wenn ich eine Frage oder ein Problem habe, wen kann ich kontaktieren, um Hilfe zu erhalten?

Wenden Sie sich zuerst an Ihren Sponsor oder, wenn das Problem in Ihrer Downline liegt, gehen Sie direkt zu der betreffenden Person. Wenn Sie Hilfe in der Upline suchen müssen, dann folgen Sie der Sponsor-Linie hinauf bis Sie die Hilfe erhalten, die Sie benötigen. Wenden Sie sich nur als letzten Ausweg an das Unternehmen.

Wie in den meisten Organisationen, ob beim Militär, einem Unternehmen oder in einer Network Marketing Downline, ist es immer am besten, eine logische Reihenfolge einzuhalten, wenn eine Frage oder ein Problem auftaucht. Die Gründe dafür sind ziemlich offensichtlich, wenn Sie darüber nachdenken.

Einer der Gründe, warum Organisationen in einer „Befehlskette" strukturiert sind, ist erstens die Notwendigkeit, eine einheitliche Ordnung für den Umgang mit diesen Dingen zu haben. Es ist effizient und jeder weiß genau, wo er Antworten auf Fragen und Hilfe bei Problemen erhalten kann.

Wenn Sie sich an die Person direkt über oder unter Ihnen in der Networkorganisation wenden, verschwenden Sie zweitens nicht die Zeit von Menschen, die die Details meistens nicht kennen. Auf diese Weise werden die entscheidenden Menschen im „Informationskreislauf" nicht übergangen und es werden keine Gefühle verletzt.

Sie können auch Hilfe von Vertriebspartnern außerhalb Ihrer Upline erhalten. Dies nennt man Network Marketing. Network Marketing kann zum Vorteil von jedem funktionieren. Helfen Sie anderen und sie werden auch Ihnen gerne helfen.

Muss ich ein „Super-Verkäufer" sein, um im Network Marketing Erfolg zu haben?

Das hängt von Ihrer Vorstellung von einem „Super-Verkäufer" ab. Wenn Sie dabei an jemanden denken, der an die Türen von Fremden klopft und hineinstürmt und den Menschen, die sich überhaupt nicht für das Produkt interessieren, eine auswendig gelernte aufdringliche Verkaufsmasche präsentiert ... dann ist die Antwort auf diese Frage ein eindeutiges NEIN! Sie müssen kein „Super-Verkäufer" sein, um in der Network Marketing Branche erfolgreich zu sein.

Wenn es andererseits Ihre Definition außergewöhnlicher verkäuferischer Fähigkeiten ist, Sie selbst zu sein, sich gut dabei zu fühlen, wie Sie Menschen ansprechen, und einfach Ihre natürliche und echte Begeisterung für den Network Marketing Lebensstil und für Ihr Produkt zu teilen ... dann ist die Antwort auf die oben gestellte Frage ein uneingeschränktes JA!

Die Vorstellung, dass die Fähigkeit des Verkaufens irgendein wundersames Geschenk ist, das nur ein paar bevorzugte Menschen besitzen, ist einfach nicht wahr! Die besten Verkäufer und Verkäuferinnen sind diejenigen, die nicht versuchen, Ihnen etwas zu verkaufen. Sie glauben an ihr Produkt oder ihre Dienstleistung und sie genießen wirklich die Möglichkeit, es mit Ihnen und allen anderen zu teilen.

Ein guter „Verkäufer" ist wirklich nur eine Person, die etwas Gutes hat und sich über die Gelegenheit freut, anderen darüber zu berichten. Wenn Sie es von dieser Warte aus betrachten ... dass Verkaufen nur das Mitteilen von etwas ist, das Ihnen gefällt ... dann wird es sehr einfach. In Wirklichkeit ist es eine natürliche Fähigkeit, die wir alle besitzen. Es ist eigentlich ein Lehr- und Entwicklungsgeschäft, kein Verkaufsgeschäft. Jeder, der ein Geschäft aufbauen will, kann das ohne Verkaufen tun. Sie haben die Wahl!

Sind die Produkte / Dienstleistungen von hoher Qualität und bieten sie einen guten Gegenwert für den Preis?

In beinahe jedem Fall lautet die Antwort: Ja! Das Wesen des Network Marketing Konzepts trägt zur Produktqualität bei.

Betrachten Sie es so: Wenn das Wachstum Ihres Geschäfts auf den direkten Empfehlungen von treuen Kunden basiert, die nicht nur einen einmaligen Kauf machen, sondern Ihr Produkt weiterhin Monat für Monat benutzen, dann müssen Sie ein gutes Produkt haben! Das ist die Art von geschäftlichem Umfeld, in dem Network Marketing Unternehmen florieren. Der Grund? Weil die Produkte gut sind und die Menschen sie gerne weiterempfehlen!

Obwohl dies der Kern der Sache ist, gibt es einige andere Gründe, die für die durchgehend hohe Qualität der über Network Marketing vertriebenen Produkte sprechen.

Network Marketing Produkte sind oftmals „frischer", weil sie effizienter das Vertriebsnetzwerk durchlaufen. In der typischen Einzelhandelssituation bewegen sich die Produkte langsam vom Hersteller über verschiedene Großhändler zu einem Einzelhandelslagerhaus und schließlich in das Ladenregal, auf dem es Wochen oder länger stehen bleibt bevor es verkauft wird. Beim Network Marketing finden die Produkte ihren Weg vom Unternehmen zum Kunden in einem Bruchteil dieser Zeit.

Weil Network Marketing Unternehmen nicht Unsummen von Geld für aufwändige Anzeigenkampagnen und luxuriöse Verpackungen ausgeben, stehen ihnen mehr Ressourcen für Produktqualität und langfristige Entwicklung zur Verfügung.

Wie bald nach dem Start werde ich das erste Einkommen sehen?

Dies hängt von der Art des Einkommens ab. Beim Network Marketing gibt es zwei Arten, Geld zu verdienen. Zum einen durch den Verkauf Ihres Produkts. Bei jedem Einzelhandelsverkauf, den Sie machen, verdienen Sie eine Provision. In den meisten Fällen kaufen Sie Produkte von Ihrem Unternehmen mit einem Nachlass und verdienen so Ihre Einzelhandelsprovision zum Zeitpunkt des Verkaufs. Die Zeitspanne, um einen Provisionsscheck von Ihrem Unternehmen zu erhalten, beträgt normalerweise zwischen zwei Wochen und einem Monat.

Die zweite Methode, Einkommen durch ein Network Marketing Geschäft zu verdienen (so genannte „Overrides"), dauert im Aufbau ein bisschen länger, vielleicht drei bis sechs Monate, aber der Lohn kann beträchtlich höher sein.

Wenn Sie Provisionen durch den Direktverkauf von Produkten verdienen, nehmen Sie ein wenig Geld bei jedem Verkauf ein. Um viel Geld zu verdienen, müssen Sie eine Menge Verkäufe tätigen. Das ist nicht ungewöhnlich ... Network Marketing Produkte verkaufen sich gut. Es gibt aber einen besseren Weg und der funktioniert wie folgt. Wenn Sie die Zeit investieren und lernen, wie man potentielle Vertriebspartner (neue Geschäftspartner) über die wunderbaren Möglichkeiten im Network Marketing unterrichtet und sie ausbildet, wird sich eine Reihe von ihnen beteiligen wollen. Wenn Sie diese Menschen in Ihre Vertriebsorganisation einbringen, werden sie Bestandteil Ihrer „Downline“. Sie werden dann ihrerseits noch mehr Menschen in das Geschäft einbringen und das Verfahren wiederholt sich über eine Reihe von Ebenen.

Jedes Mal, wenn ein Verkauf von jemandem auf irgendeiner Ebene in Ihrer Downline getätigt wird, verdienen Sie eine Provision, genau wie Ihr Sponsor eine Provision verdient, wenn Sie einen Verkauf tätigen. Dies nennt man einen Override. Auf diese Weise multiplizieren Sie Ihr Ertragspotential um ein Vielfaches.

Wenn Sie Ihre Produkte bzw. Dienstleistungen verkaufen, verdienen Sie sofort Geld, Sie tragen aber nicht zu Ihrem „Fundament“ bei. Wenn Sie wie ein Verkäufer verkaufen, wird man immer denken, dies sei ein Verkaufsgeschäft und das ist es nicht! Es ist ein Förder- und Lehr-Geschäft.

Es erfordert Zeit, Ihr Geschäft aufzubauen. In dem Buch *„Schnellstart - In 45 Sekunden zum Erfolg“* (siehe Anhang dieses Buches für weitere Informationen) heißt es: „ ... Sie müssen erst ein Fundament haben, bevor Sie ein Gebäude errichten können.“ Dies erfordert etwas Zeit.

Muss ich meinen jetzigen Arbeitsplatz aufgeben, um ein Network Marketing Geschäft zu beginnen?

Nein. In Wirklichkeit ist es wahrscheinlich eine gute Idee, den augenblicklichen Arbeitsplatz zunächst zu behalten, wenigstens für die erste Zeit.

Das ist einer der großen Vorteile von Network Marketing: Es ermöglicht Ihnen die Sicherheit eines weiteren Einkommens während Sie die Zeit, die erforderlich ist, um Ihr Geschäft aufzubauen, auf einem soliden Fundament verbringen. Außerdem werden Sie nicht mit einem der anderen Probleme zu kämpfen haben, die oft mit einem neuen Arbeitsplatz verbunden sind, wie der Umzug in eine andere Region oder die Investition in teure Ausrüstung oder schicke Büros.

Mit anderen Worten: Network Marketing ist eine perfekte Möglichkeit für Sie, mit der Verwirklichung Ihrer Träume von einer besseren Lebensqualität zu beginnen, ohne „den Sprung machen" zu müssen, bevor Sie fit und bereit sind. Wenn Ihr Geschäft wächst und Ihr Einkommen mit ihm wächst, können Sie immer noch die Möglichkeit erwägen, all' Ihre Aufmerksamkeit auf Ihre Network Marketing Organisation zu richten.

Kann mehr als eine Person mich im gleichen Unternehmen sponsern?

Die Antwort auf diese Frage ist ein eindeutiges NEIN! Alle Berufe haben Verhaltensregeln, die festlegen, wie die Menschen ihr Geschäft betreiben, und das Network Marketing ist da keine Ausnahme. Einige dieser ethischen Normen sind rechtlich und vertraglich festgelegt und manche sind nur allgemein akzeptiert und werden von den Menschen freiwillig praktiziert.

Diese Situation fällt unter die Kategorie Vertrag. Die Unternehmen erlauben ihren Vertriebspartnern nicht, mehr als einen Sponsor zu haben. Wenn Sie darüber nachdenken, werden Sie feststellen, dass dies sehr sinnvoll ist. Stellen Sie sich die Probleme vor, die bei der Berechnung der korrekten zu zahlenden Provisionssätze entstehen würden und bei der Ermittlung, an wen sie zu zahlen sind. Ein buchhalterischer Alptraum wäre das Ergebnis, ganz abgesehen von den möglichen Spannungen zwischen Mitgliedern des gleichen Vertriebsnetzwerks. Die Richtlinie „nur ein Sponsor" funktioniert hervorragend und wird weiterhin die Art und Weise sein, in der das Geschäft betrieben wird.

Kann ich zu alt oder zu jung sein, um mit einem Network Marketing Geschäft zu beginnen?

Die einzige Altersbegrenzung im Network Marketing verlangt, dass Sie 18 Jahre alt sein müssen, um einen Unternehmensvertrag zu unterschreiben und sich bereit zu erklären, ein bestimmtes Produkt zu vertreiben. Andere Begrenzungen in Bezug auf das Alter gibt es nicht!

Network Marketing hat eine Menge Vorteile und dieses Thema ist eines der beeindruckendsten Dinge beim Network Marketing. Das ist ein Bereich, in dem das Network Marketing am deutlichsten hervorsticht, und es erklärt die große Begeisterung, die so viele Menschen empfinden, wenn sie darüber sprechen, wie sehr dieses Geschäft ihr Leben verändert hat.

Zu oft wird in der heutigen Arbeitswelt das Thema Alter als Ausrede benutzt, um Menschen für immer mehr Arbeiten als ungeeignet zu entlassen. Tatsächlich scheint unsere Kultur mehr und mehr vom Jugendwahn berauscht zu sein. Das ist eine Schande und eine Heuchelei! Ältere Menschen haben jede Menge Energie und Erfahrung, die sie einbringen können. Network Marketing erkennt diese Tatsache an und heißt jeden willkommen. Senioren stellen die erfolgreichsten Menschen in dieser Branche..

Die Network Marketing Branche heißt nicht nur ältere Menschen willkommen. Es gibt hier jede Menge Platz für jeden mit dem Wunsch, einen besseren Lebensstil zu leben. Es macht nichts aus, ob Sie körperlich behindert sind, schwarz oder weiß, Mann oder Frau, reich oder arm. Network Marketing sieht nur eine Qualität in allen Menschen ... dass jeder das Recht hat, „sein Leben selbst zu bestimmen“. Wenn Sie immer noch träumen können, dann können Sie Ihre Träume wahr werden lassen. Wenn Sie bereit sind, einen Schritt nach vorne zu machen, kann Network Marketing Ihnen einen konkreten Handlungsplan bieten.

Werde ich eine Menge hochtechnischer Ausrüstungen wie Computer und Mobiltelefone kaufen müssen?

Nur, wenn Sie das wollen. Denken Sie daran: das Network Marketing ist ein Geschäft von Menschen mit Menschen. Das Wichtigste, um Ihr Geschäft erfolgreich werden zu lassen, sind Kontakte. Kontakte zu Ihren Kunden, zu Ihrem Unternehmen, zu der Person, die Sie gesponsert hat, und zu den Menschen, die Sie sponsern. Und vergessen Sie nicht die Kontakte zu potentiellen Vertriebspartnern.

Jeder hat seinen persönlichen Stil, seine eigene Art, Dinge zu tun. Wie wir mit anderen Menschen kommunizieren ist da keine Ausnahme. Einige von uns arbeiten sehr gerne mit technischen Kommunikationsgeräten und Computern, andere mögen Sie überhaupt nicht. Ich kenne Menschen, für die es unmöglich ist, auf einen Anrufbeantworter zu sprechen, weil es sie befangen macht.

Das Wichtigste ist, dass Sie Ihre eigene Komfortzone finden und darüber nachdenken, ob Ihre Vorgehensweise für Ihre konkrete Situation geeignet ist oder nicht. Vorbeigehen, um persönlich mit Ihrer Downline zu sprechen, kann in einer kleinen Stadt gut funktionieren, aber in einer Großstadt mit Staus und viel Hektik kann ein Mobiltelefon ein viel besserer Weg sein, um mit den Menschen in Kontakt zu bleiben.

Heutzutage sollte man zumindest in der Lage sein, E-Mails zu senden und eine Website aufzurufen. Sie müssen keinen eigenen Computer besitzen und auch keine eigene Website haben. Sie können immer zur Bücherei gehen und dort einen Computer benutzen. Oder Sie können auch in ein Internet-Café gehen.

Wie viel Zeit werde ich für dieses Vorhaben investieren müssen?

Obwohl es keine genaue Antwort auf diese Frage gibt, sollten Sie davon ausgehen, zwischen einer und drei Stunden pro Woche während der ersten Monate zu investieren. Natürlich können Sie mehr Zeit investieren, wenn Sie wollen, aber eine bis drei Stunden pro Woche sind mindestens erforderlich. Bedenken Sie: Was zählt ist nicht die Anzahl der Stunden, die Sie in Ihr Network Marketing Geschäft investieren, sondern wie Sie diese Zeit nutzen. Jeder kann hart arbeiten ... „intelligent“ zu arbeiten ist das Kennzeichen einer erfolgreichen Person.

Lassen Sie mich Ihnen dafür ein Beispiel geben. Angenommen, Sie entschließen sich, sich nur auf Einzelhandelsverkäufe des Produkts zu konzentrieren. Sie könnten eine Menge Zeit damit verbringen, in Ihrem Auto herum zu fahren und mit Menschen zu sprechen, die Sie nicht kennen. Dies würde nicht nur eine Menge Zeit in Anspruch nehmen, auch die Ausgaben für Ihr Auto würden zu einer ordentlichen Summe auflaufen. Darüber hinaus würde es keinen Spaß machen und es ist auch keine gute Methode, um Menschen Ihr Network Marketing Geschäft vorzustellen.

Alternativ können Sie sich entschließen, Ihre Anstrengungen auf den Aufbau Ihrer eigenen Downline zu konzentrieren. Aber auch um dies zu tun, gibt es einen mühsamen und einen intelligenten Weg. Auf dem mühsamen Weg verbringen Sie Stunden damit, Fragen zu beantworten und jedem neuen Geschäftspartner das Network Marketing zu erklären. Sie werden erst ganz am Ende wissen, ob sie überhaupt interessiert und qualifiziert sind.

Der intelligente Weg, ein großes erfolgreiches Network Marketing Geschäft aufzubauen, ist die Anwendung vom „System". Das ist der schnellstmögliche Weg, um Ihr Geschäft aufzubauen, und es erfordert die geringste Zeit. Sie können die Technik in dem Buch „Das System" von Don und Nancy Failla lernen. Sie werden es unter „Schulungsmaterialien" am Ende dieses Buchs finden.

Wenn ich mich am Network Marketing beteilige, wie kann ich sicher sein, dass ich das Richtige tue?

Zu Beginn gibt es keine todsichere Methode, um zu wissen, ob das, was Sie tun, der richtige Weg ist oder nicht ... aber zumindest unternehmen Sie etwas! Sie haben – vielleicht zum ersten Mal in Ihrem Leben – wirklich die Verantwortung für Ihr eigenes Leben und Ihr Schicksal übernommen. Wir alle kennen Menschen, die den letzten Teil ihres Lebens damit verbringen, mit Bedauern auf den ersten Teil ihres Lebens zurück zu schauen. Zu viele ihrer Aussagen beginnen mit Formulierungen wie „Hätte ich doch ...", „Wenn ich nur ..." oder „Ich hätte besser dieses und jenes machen sollen ...". Hätte, wenn und aber haben sie im Griff. Bevor Sie sich versehen wird es einfacher, nicht unternommene Handlungen zu bedauern als aktiv zu werden.

Bis zum heutigen Tag reden meine Eltern darüber wie sie damals in den späten 1950ern ein Ufergrundstück am Lake Tahoe für ein paar Tausend Euro hätten kaufen können und sollen. Für Sie könnte dies eine dieser Gelegenheiten sein. Und selbst wenn das nicht so ist, was können Sie schon verlieren ... ein paar Stunden pro Woche, ein paar Euro? Wer weiß, vielleicht verdienen Sie genug Geld im Network Marketing, um dieses Ufergrundstück zu kaufen ... sogar zu den heutigen Preisen.

Entweder wollen Sie eine bessere Lebensqualität oder Sie wollen sie nicht! Sie haben die Wahl. Sie haben die Möglichkeit dazu.

Muss ich eine „Schule” besuchen, um beginnen zu können?

Nicht im üblichen Sinne. Es gibt keine Universitäten für Network Marketing und Sie werden keine Network Marketing Abendschule in Ihrer Gemeinde oder Stadt finden. Und zum Glück werden Sie keinem Doktor des Network Marketing begegnen. Was es im Network Marketing gibt, das ist die „Schule des Engagements“. Obwohl es dort eher keine Klassenzimmer und Schultafeln gibt, ist es eine ziemlich aufregende Schule.

Wenn wir von „zurück zur Schule gehen” für eine bis drei Stunden pro Woche für drei bis sechs Monate sprechen, dann meinen wir, dass Sie damit beginnen, sowohl das Geschäft des Network Marketing zu erlernen als auch den damit verbundenen Lebensstil zu leben. Die „Schule“ findet dann statt, wenn Sie Zeit haben. Das kann an einem Wochenende oder am Abend sein ... in einer Sizzle-Session Dinge von gegenseitigem Interesse besprechen und Erfahrungen austauschen oder ganz alleine, wenn Sie sich eine Audio-CD oder ein Hörbuch in Ihrem Auto anhören. Es kann eine Unterhaltung mit Ihrem Sponsor beim Mittagessen sein oder mit einer Gruppe neuer Freunde bei einer Network Marketing „Un-Convention“ in Las Vegas, am Whistler Mountain in Kanada oder auf einer Kreuzfahrt.

Ihre „Unterrichtsstunden“ behandeln Themen wie: Wie man Menschen (neue ptentielle Geschäftspartner) trifft und sie für Network Marketing interessiert, wie man neue Vertriebspartner in Ihrer Downline sponsert, wie man Menschen beibringt, ein „Lebensstil-Trainer“ zu werden. Dies ermöglicht es Ihrer Downline, draußen zu arbeiten und ihre eigenen Vertriebspartner-Netzwerke aufzubauen, die ihrerseits Ihre Erträge durch Override-Provisionen erhöhen. Am allerwichtigsten: Sie werden lernen, wie befriedigend es ist, „Ihr Leben selbst zu gestalten“, und wie lohnend es ist, anderen beizubringen, das Gleiche zu tun.

Muss ich eine Menge Menschen kennen oder eine große Familie haben, um mein Geschäft in Gang zu bringen?

Nicht wirklich. Obwohl es überraschend ist, wie viele Menschen wir alle kennen, ohne es zu wissen. Wenn Sie an die Zahl der Menschen denken, die Sie tagtäglich an einem ganz normalen Tag treffen, ist der Start eines Network Marketing Geschäfts ein sehr kleines Problem. In den meisten Fällen sind alles, was Sie brauchen, ein paar Menschen, die ihr eigenes Leben wirklich selbst bestimmen wollen und die den aufrichtigen Wunsch haben, entsprechend ihrer Träume von einem besseren Leben zu handeln.

Bedenken Sie auch, dass im Gegensatz zu vielen anderen Tätigkeiten praktisch jeder ein möglicher Vertriebspartner für Ihre Organisation ist. Ihr Vertriebspartner-Potential ist riesig, weil nur Menschen unter 18 davon ausgeschlossen sind. Diese Tatsache allein erhöht nicht nur Ihre Chancen, Menschen zu sponsern, sondern macht Network Marketing auch für eine Menge Menschen interessant, die aus dem herkömmlichen Arbeitsmarkt ausgeschlossen wurden, nämlich Frauen, Minderheiten, Senioren und körperlich Behinderte.

Vergessen Sie nicht: Um ein großes Geschäft aufzubauen, beginnt man mit einem. Bringen Sie einer Person bei, wie man anfängt, und während Sie dies tun, werden Sie weitere hinzu gewinnen ... „Gewinne einen Freund ... und treffe seine Freunde.“

Ist Network Marketing ein stabiler Geschäftsansatz oder nur eine vorübergehende Mode?

Network Marketing gibt es schon seit über einem halben Jahrhundert. Es war eine Idee, die schon vor diesem Zeitpunkt bestand, aber die Technologie, um das ungeheure Wachstumspotential des Network Marketings zu verwalten, existierte nicht bis zu den 1950ern. Mit der Entwicklung des Computers hatten die Unternehmen endlich ein Aufzeichnungsmittel, das in der Lage ist, das unglaubliche Volumen an Informationen zu verarbeiten, die gebraucht werden, um Verkäufe und Override-Provisionen im Auge zu behalten. Computer sind heute so gebräuchlich wie eine Armbanduhr vor fünfzig Jahren und das Network Marketing wächst weltweit. Konservative Schätzungen des Einkommens, das von diesem aufregenden Vertriebskonzept erzeugt wird, gehen in die Hunderte Milliarden Euro mit Millionen von Menschen, die sich in der ganzen Welt beteiligen ... und das ist immer noch nur die Spitze des Eisbergs!

Nicht nur gibt es buchstäblich Millionen von Menschen auf der Suche nach einem besseren Leben, sondern auch die ihnen angebotenen Produkte und Dienstleistungen ändern sich und entwickeln sich genau wie die Vertriebspartner ständig weiter, weil sich die Bedürfnisse der Menschen verändern und die Technologie neue Produkte erzeugt. Weil Network Marketing nicht an ein bestimmtes Produkt oder eine Technologie gebunden ist, verjüngt Network Marketing sich ständig wieder auf dem Markt. Es ist weit davon entfernt, überflüssig zu werden – Network Marketing ist viel mehr die wahre „Strömung der Zukunft" und darüber hinaus.

Wird das Network Marketing mir einen besseren Lebensstil bringen?

Ja! Einer der attraktivsten Punkte beim Network Marketing ist das Thema „Lebensstil". Das ist ein Wort, das heutzutage sehr oft benutzt wird. Im Network Marketing nehmen wir das Thema Lebensstil sehr ernst, weil es die Grundlage unserer Philosophie ist, wie das Leben und die Arbeit gelebt werden sollten. Wenn wir den Menschen beibringen, ihre eigenen Downline-Organisationen zu sponsern und zu schulen, bringen wir ihnen bei, „Lebensstil-Trainer" zu sein. Das ist die angenehme und schnelle Art, Ihr Geschäft aufzubauen.

Seit Jahren haben wir die Redewendung „Bestimme Dein Leben" verwendet, um zu beschreiben, was wir genau meinen, wenn wir über das Erreichen eines besseren Lebensstils sprechen. Dies bedeutet, dass Sie nicht nur das Geld haben, das Sie brauchen, um Ihre materiellen Ziele zu erreichen, sondern dass Sie auch die Zeit haben, Ihre finanzielle Freiheit zu genießen. Ohne die Zeit ist alles Geld der Welt wertlos. Wir alle kennen reiche Menschen, die das Leben nie genossen, weil sie jede Minute arbeiteten. Wir kennen auch Menschen, die eine Menge Zeit zur Verfügung haben, aber nichts in ihrem Geldbeutel, mit dem sie diese Zeit genießen könnten. Was Sie erleben sollen, ist die Art von Lebensstil, der Ihnen großzügige finanzielle Belohnungen gibt und es Ihnen erlaubt, nach Ihrem eigenen Plan zu leben, mit einer Menge Zeit für Spaß, Familie, Reisen oder was auch immer Ihnen sonst Glück und Begeisterung für das Leben bringt!

Wir sagen, dass Sie Zeit brauchen, Geld und Ihre Gesundheit, um „Ihr Leben selbst zu bestimmen!“ Sehr wenige Menschen haben alle drei und Sie können ihnen helfen, es zu bekommen.

Muss ich von Haus zu Haus laufen, um meine Produkte zu verkaufen?

Nur, wenn Sie das wollen. Merkwürdigerweise gibt es tatsächlich genug Leute, die es genießen, „Kaltkontakte“ von Haus zu Haus zu machen. Die meisten Leute tun das nicht. Wenn Sie den hohen Prozentsatz von negativen Reaktionen berücksichtigen, der sich aus dieser Art des Verkaufens ergibt, ist es nicht sehr effizient, diesen Weg zu gehen. Wir verwenden den Ausdruck „intelligent arbeiten“, um die richtige Art zu beschreiben, wie man ein großes erfolgreiches Network Marketing Geschäft aufbaut. Von Haus zu Haus zu gehen ist kein Beispiel für intelligentes Arbeiten für einen besseren Lebensstil. Es ist mehr wie „hart arbeiten, um zu leben“ und das bringt nicht viel Spaß. Wir wollen, dass Sie Spaß haben, während Sie im Network Marketing erfolgreich sind.

Nur 5 % der Bevölkerung sind gute Verkäufer. Um eine große Organisation aufzubauen, müssen Sie lernen, auch mit den übrigen 95 % oder den Nichtverkäufern zu arbeiten. Sie werden nie ein großes Geschäft aufbauen, wenn Sie in erster Linie Produkte verkaufen. Jeder wird denken, es ist ein Verkaufsgeschäft, und damit werden Sie 95 % Ihrer neuen Geschäftspartner aussortiert haben.

Brauche ich eine Hochschul- oder Handelsschulausbildung, um im Network Marketing erfolgreich zu sein?

Es macht wirklich nichts aus, das eine ist so gut wie das andere. Es wird wahrscheinlich nicht schaden, aber es wird auch nicht viel helfen. Die Art der Informationen, die man auf herkömmlichen Handelsschulen erhält, ist mehr auf komplexe theoretische Ansätze zum Geschäftsleben und nicht auf tägliche praktische Erfahrungen ausgerichtet.

Das Network Marketing Prinzip ist ein Wunder der Einfachheit. Ein formeller Handelsschulhintergrund könnte dazu führen, dass Sie die Dinge komplizieren.

Halten Sie es einfach. Machen Sie es unterhaltsam und die Menschen werden sich Ihnen anschließen wollen. Was Sie jetzt tun, wird Ihre Zukunft bestimmen. Die Menschen müssen in der Lage sein zu sagen: „Wenn er/sie es kann, ... dann kann ich es auch."

Kann ich als Frau mit einer Familie ein erfolgreiches Network Marketing Geschäft aufbauen und trotzdem Hausfrau bleiben?

Ja! Eines der wunderbaren Dinge beim Network Marketing ist es, dass es ein Geschäft ist, das von zu Hause aus betrieben werden kann. Dies erlaubt Ihnen, Ihr Geschäft so zu organisieren, dass es zu Ihrem Tagesablauf passt. Während Sie die Kontrolle über Ihren Arbeitstag haben, können Sie gleichzeitig ein Geschäft betreiben und immer noch dafür sorgen, dass Ihr Heim und Ihre Familie gut versorgt sind. Sie können da sein, wenn Ihre Kinder in die Schule gehen und wenn sie nach Hause kommen.

Wenn Sie Säuglinge oder Vorschulkinder haben, können Sie sich um Ihr Network Marketing Geschäft kümmern, wenn die Kinder spielen oder schlafen. Es wird nicht immer einfach sein, aber es ist ganz sicher besser als das Theater und die Kosten einer Tagesbetreuung. Weil viele Ihrer Kontakte andere Frauen sind, die wie Sie eine Familie und eine Karriere haben, werden Sie feststellen, dass sie sehr verständnisvoll sein werden, wenn sich ein Konflikt ergibt.

Wie bei vielen geschäftlichen Unternehmungen erfordert Network Marketing ein gutes Zeitmanagement. Eine arbeitende Mutter muss besonders gut wissen, wie sie ihre Zeit nutzt. Wenn Sie Ihr Geschäft auf die „intelligente“, schnellere Art aufbauen, indem Sie ein effektives System mit Schulungsmitteln anwenden, können Sie als Ehefrau und Mutter und auch als Geschäftsfrau erfolgreich sein. Frauen sind wunderbar im Network Marketing. Sie verbringen ihr ganzes Leben lehrend und fördernd. Jetzt können sie ein unbegrenztes Einkommen verdienen, indem sie das tun, was sie am besten können!

Ich möchte gerne beim Network Marketing mitmachen, aber mein Geschäftspartner unterstützt mich nicht – was soll ich tun?

Das ist keine ungewöhnliche Situation. Sehr oft, wenn eine Person sich dafür begeistert, eine andere Richtung in ihrer Karriere einzuschlagen, kann es für ihre Familie verwirrend sein. Wir alle wünschen Stabilität und Sicherheit und alles Unbekannte kann für uns etwas erschreckend sein.

Der Schlüssel ist, Ihren Geschäftspartner auf jedem Schritt des Wegs in das neue Unterfangen einzubeziehen, so dass beide die Aufregung des Abenteuers teilen. Leider ist dies nicht immer möglich und es kann sein, dass eine Person nicht begeistert ist, ein neues Geschäft zu gründen. Wenn dies passiert, ist es am besten, der anderen Person die Idee nicht aufzudrängen oder „aggressiv zu verkaufen“. Informieren Sie sie darüber, was geschieht.

Erklären Sie ihnen die Natur des Network Marketings so detailliert wie sie dazu bereit sind. Und dann bauen Sie das Geschäft auf bedächtige Weise auf. Achten Sie darauf, dass sich das Geschäft nicht zu sehr in das Familienleben einmischt. Versuchen Sie, Ihre normale Routine beizubehalten. Auf diese Weise sehen die anderen Mitglieder der Familie bald, dass ihr Leben nicht zu sehr betroffen oder gestört sein wird.

Natürlich wird der Tag kommen, an dem Ihre Bemühungen sich auszuzahlen beginnen. Wenn Ihr Geschäft beginnt, erfolgreich zu werden, und Sie alle beginnen, die Nutzen des zusätzlichen Einkommens zu genießen, beginnt Ihre Familie, Ihr Geschäft als eine Segnung statt als eine Drohung zu betrachten. Wenn die Schecks anfangen zu kommen, wird jeder die Vision begreifen.

Muss ich mich auf eine bestimmte Weise anziehen und benehmen, um Erfolg zu haben?

Die wichtigste Sache, die Sie vermitteln wollen, wenn Sie Ihre Begeisterung für Network Marketing mitteilen, ist Vertrauen. Vertrauen in sich selbst, in Ihr Unternehmen und in Network Marketing als Lebensstil. Es ist viel einfacher, sich zuversichtlich zu fühlen, wenn Sie entspannt sind und sich wohl fühlen. Wir haben alle unseren eigenen persönlichen Ansatz für diese Dinge ... für unsere Kleidung und den Umgang mit Menschen, der natürlich für uns ist. Manche Menschen fühlen sich gut in einem Anzug und Krawatte und andere bevorzugen einen eher lässigen Look.

Es kann gelegentlich Situationen geben, in denen ein „gestyltes Äußeres" angebracht und gut für das Geschäft ist. Manchmal ist es eine gute Idee, sich auf eine Weise zu präsentieren, die zum Stil des Publikums passt, ohne völlig zu vergessen, womit Sie sich wohlfühlen.

Betrachten Sie sich als einen „Lebensstil-Trainer", der anderen hilft, die Segnungen eines Lebens zu erreichen, das vollkommen gelebt wird. Wenn Sie auf diese Weise darüber nachdenken, werden Sie zu verstehen beginnen, dass es am wichtigsten ist, Sie selbst zu sein. Sie werden ein lebendiges Beispiel für den Network Marketing Lebensstil sein. Wenn Sie positiv und fröhlich sind, ist die Nachricht, die Sie verbreiten, positiv und aufbauend. Wie wir uns anziehen ist zwar ein wenig wichtig, aber im Vergleich zur Einstellung, die wir anderen gegenüber zeigen, ist es sekundär.

Don Failla trägt ein Hawaii-Hemd, wo immer er sich befindet. Er fühlt sich in Hawaii-Hemden wohl, gelassen und entspannt. Er wirkt nicht wie ein „Verkäufer".

Abschnitt Zwei:

Fragen, die üblicherweise von beginnenden Vertriebspartnern gestellt werden

Wie stelle ich Kontakte her und sage den Menschen, dass ich im Network Marketing tätig bin?

Es gibt eine Reihe von Möglichkeiten, wie Sie Ihr Geschäft aufbauen können. Wenn Sie beginnen, ist es eine gute Idee, Ihre Anstrengungen auf Menschen zu konzentrieren, die Sie kennen. Es ist wirklich recht erstaunlich, wie viele Menschen wir kennen und treffen, wenn wir den üblichen und alltäglichen Aktivitäten unseres Lebens nachgehen. Wenn Sie an Ihre Familie, Ihre Freunde und Kollegen denken sowie an jene, die Sie in der Freizeit zufällig treffen, ist das Potential für neue Geschäftspartner riesig. Diese alltäglichen persönlichen Kontakte sind im Network Marketing Ihre beste Quelle für potentielle Teammitglieder.

Später, wenn Ihr Geschäft wächst und Sie mehr Erfahrungen gesammelt haben, können Sie anspruchsvollere Techniken wie Fern-Sponsoring und Lebensstil-Schulungen einsetzen. Im Augenblick müssen Sie wirklich nicht weit über Ihr tägliches Leben hinaus suchen, um Menschen zu finden, die genau wie Sie bereit dazu sind, ihr Leben selbst zu bestimmen.

Denken Sie daran: Mit dem „System" können Sie Ihre Freunde und Familie überall in der Welt sponsern, wo Ihr Unternehmen Geschäfte macht.

Wenn ich Network Marketing gegenüber Freunden und Familienmitgliedern erwähne, werden sie dann denken, ich sei „aufdringlich"?

Wenn Sie Menschen auf die Möglichkeiten ansprechen, die im Network Marketing bestehen, ist es am wichtigsten, natürlich zu sein. Seien Sie einfach Sie selbst. Sie brauchen keine gekünstelte „Verkaufstechnik" zu übernehmen. Genau genommen ist das das Letzte, was Sie tun sollten. Die beste Art, dieses Geschäft aufzubauen, ist es, es nicht zu „verkaufen". Wenn es je eine Idee gab, die sich „von selbst verkauft", dann ist Network Marketing diese Idee.

Wenn Sie Menschen ansprechen, um Ihre Begeisterung für das Network Marketing zu teilen, dann denken Sie einfach daran, was Sie in erster Linie daran interessiert hat. Es war die Möglichkeit, damit anzufangen, Ihre Ziele zu erreichen, Ihre Träume zu leben und Ihren Wunsch nach einem besseren Lebensstil für Sie und die, die Sie lieben, zu verwirklichen. Der Umstand, dass Sie all dieses von Ihrem eigenen Zuhause aus tun können, ohne radikale Veränderungen in Ihrem Leben vornehmen zu müssen, macht Network Marketing zu einer sehr attraktiven Idee. Aller Wahrscheinlichkeit nach wird eine große Zahl der Menschen, die Sie ansprechen, das genau so wie Sie sehen. Sie wollen die gleichen Dinge vom Leben wie Sie und sind bereit, dafür zu arbeiten, genau wie Sie dies getan haben. Alles, was sie brauchen, ist der Handlungsplan und Sie geben ihnen diesen Plan.

Sie müssen nicht aufdringlich sein. Sie müssen nicht „aggressiv verkaufen". Sie müssen eigentlich überhaupt nicht „verkaufen". Alles, was Sie tun müssen, ist Ihre Erfahrung und Ihre Kenntnisse mit Menschen teilen, die Ihnen sehr ähnlich sind.

Muss ich eine Menge Werbung machen?

Fragen Sie irgend jemanden, der im Geschäftsleben steht, und er wird Ihnen sagen, dass persönliche Mundpropaganda die beste Reklame ist, die es gibt. Es gibt dafür verschiedene Gründe. Zum einen kommt die Nachricht über das Produkt oder die Dienstleistung von einem Bekannten, einem Freund oder einem Familienmitglied. In jedem Fall ist es jemand, den Sie kennen. Zweitens, selbst wenn Ihr erster Kontakt über einen Fremden läuft, ist das Umfeld ein vertrauter Teil Ihres Lebens. Die Botschaft wird nicht über eine Stimme aus dem Radio kommen oder von einer Persönlichkeit, die dafür bezahlt wird, etwas im Fernsehen zu sagen. Alle Studien zeigen, dass direkte Mundpropaganda die effektivste Methode ist, um potentielle Kunden zu erreichen oder in diesem Fall Kunden für Ihre Produkte und neue Geschäftspartner, die Ihnen helfen werden, Ihre Downline aufzubauen.

Bedeutet dies, dass Sie jede Form konventioneller Werbung unterlassen sollten? Nicht unbedingt. Die Hauptsache, die es bei der Aufgabe eines Inserats zu berücksichtigen gilt, ist, ob es angesichts der Kosten der Anzeige ein angemessenes Ergebnis erzeugt oder nicht. Die beste Methode, um zu gewährleisten, dass Ihr Werbegeld gut eingesetzt wird, ist, ein Publikum auszuwählen, das vor allem sehr empfänglich ist, und dann eine Werbemethode zu wählen, die diese Menschen erreicht. Radio und Fernsehen sind im Allgemeinen zu teuer. Inserate in größeren Zeitungen sind auch ziemlich kostspielig und richten sich an keine bestimmten neuen Geschäftspartner-Gruppen. Beste Aussichten haben Sie, wenn Sie kleine klassifizierte Inserate unter „Geschäftsmöglichkeiten" aufgeben und dies in kleineren regionalen Zeitungen tun.

Ehrlich, die beste Art, um ein erfolgreiches Network Marketing Geschäft aufzubauen, ist ganz einfach „einen Freund zu gewinnen" und dessen Freunde zu treffen.

Ich habe noch nie mein eigenes Geschäft betrieben. Wird das ein Problem für mich sein?

Nein. Eigentlich kann das zu Ihrem Vorteil sein. Weil Network Marketing im Vergleich zu konventionellen Geschäftsmethoden aus einer etwas anderen Richtung an die Dinge herangeht, ist es oft besser, ein Anfänger zu sein. Ihr Verstand wird nicht auf Einstellungen und Arbeitsmethoden ausgerichtet sein, die vielleicht erst abgelegt werden müssen.

Als Geschäft, das von zu Hause aus betrieben werden kann, hängt Network Marketing nicht von einem Laden oder Büro ab. Es braucht keinen Platz für riesige Mengen an Inventar. Network Marketing erfordert keinen Stab von Mitarbeitern. All dies sind Aspekte bei den meisten Geschäften.

Wenn Ihre Erfahrungen im traditionellen Sektor liegen, kann es sein, dass Sie es als schwierig empfinden werden, sich auf den einfacheren und direkteren Ansatz von Network Marketing einzustellen. Obwohl es normalerweise für jemanden, der in einem typischen Geschäftsumfeld geschult ist, nicht sehr lange dauert, die Vorteile der Network Marketing Art zu erkennen und zu schätzen.

Enge Beziehungen zwischen Geschäftsbetreiber und Kunde sind meistens selten. Waren werden ausgestellt und verkauft und wenig Nachsorge (wenn überhaupt) wird geboten, bis der Kunde zurückkommt oder für das gleiche Produkt zu einem Konkurrenten geht. Um ein erfolgreiches Network Marketing Geschäft zu betreiben, müssen Sie eine bestimmte Verpflichtung für Ihre Kunden und die Menschen in Ihrer Downline fühlen. Aus diesem Grund sagen wir, dass Network Marketing ein „Geschäft mit Menschen" ist. Und vergessen Sie nicht, Sie werden immer Menschen in Ihrer Upline und in Ihrem Unternehmen haben, die eine Verpflichtung für Ihren Erfolg empfinden und die da sein werden, um Ihnen zu helfen, wenn Sie Hilfe benötigen sollten.

Muss ich ein Experte für mein Produkt oder meine Dienstleistung sein?

Sie müssen kein Experte sein, aber Sie sollten in der Lage sein, grundsätzliche Fragen über das Produkt oder die Dienstleistung zu beantworten, oder einfach jemanden aus Ihrer Upline zur Verfügung haben, der Ihnen hilft. Am wichtigsten ist, dass Sie das Produkt bzw. die Dienstleistung benutzen und wirklich begeistert davon sind. Wenn dies der Fall ist, wird sich Ihre Begeisterung zeigen. Wenn Sie Ihr Produkt anderen vorstellen, wird diese natürliche Begeisterung überzeugender sein als jede „Verkaufspräsentation" oder eingehende detaillierte Diskussion des Produkts.

Die meisten Unternehmen versorgen Sie als Teil ihrer Marketingausrüstung mit Produktinformationen. Wenn Sie jemanden treffen, der mehr Details will, können Sie ihn an das Unternehmen selbst oder auf dessen Website verweisen.

Wie erklärt man Network Marketing am besten einem neuen Geschäftspartner?

Bleiben Sie sich selbst treu. Wenn Sie sich wohl fühlen, wenn Sie in Ihrem Element sind, vermitteln Sie ein Vertrauen, auf das die meisten Menschen positiv reagieren. Manchmal sind die besten Bedingungen bei einem Kaffee in einem Restaurant, ist die beste Kleidung lässig und die Gangart gemächlich. Wenn Sie es genießen, einen Anzug zu tragen und vor einer Gruppe von Menschen zu sprechen, dann könnte das wirklich Ihr bester Ansatz sein. Noch einmal: Der Schlüssel ist, einen Weg zu finden, der zu Ihnen passt. Wenn Sie sich nicht wohl fühlen und nervös sind, wird Ihr Publikum dies merken und sich ebenfalls nicht wohl fühlen. Wenn das passiert, geht Ihre Botschaft verloren.

Unabhängig von den Rahmenbedingungen ist es immer eine gute Idee, gute Schulungsmaterialien für sich sprechen zu lassen. Betrachten Sie es auf diese Weise: Sie können Stunden damit verbringen, mit einem neuen Geschäftspartner zu sprechen, oder Sie können fünf Minuten dafür aufwenden, eine kurze unaufdringliche Präsentation zu geben. Es ist offensichtlich, dass die Fünf-Minuten-Methode eine viel effizientere Art des Geschäftemachens ist. Wir nennen das: intelligent arbeiten statt hart zu arbeiten.

Sobald Sie eine Verbindung zu einer Person hergestellt haben, lassen Sie das „System" übernehmen und für Sie sprechen. Fragen Sie den neuen Geschäftspartner, ob er jemanden kennt, der gerne reist oder auf eine Reise geht bzw. in den Urlaub fährt. Man braucht drei Dinge, um dies tun zu können. Man braucht Zeit, Geld und Gesundheit. Wenn Sie ihnen zeigen könnten, wie sie alle drei haben können ... wären sie dann interessiert?

Das ist alles, was Sie jemandem sagen müssen. Danach übernehmen die Schulungsmaterialien für Sie (siehe „das System") und erledigen das ganze Erklären für Sie.

Was für eine Art Person ist der beste neue Geschäftspartner?

Es gibt dazu keine unumstößlichen und festen Regeln, nur einige allgemeine Richtlinien. Eine negative Meinung über das Potential eines Menschen als neuer Geschäftspartner zu haben, ohne ihm eine Chance zu geben, ist das Letzte, was Sie tun sollten. Das könnte dazu führen, dass Sie es vermeiden, mit jemandem zu sprechen, der sich später als echter Gewinner entpuppt.

Versuchen Sie, Menschen zu gewinnen, die aufgeschlossen, energisch und bereit sind, neue Dinge zu versuchen und zu lernen. Menschen im Verkauf können oft von ihrer Erfahrung ungünstig beeinflusst sein und müssen viele ihrer traditionellen Techniken vergessen. Suchen Sie Personen, die Menschen mögen und kontaktfreudig sind. Lehrer sind eine gute Wahl. Frauen sind wunderbare neue Geschäftspartner und vergessen Sie auch jene nicht, die oft übersehen werden ... die Behinderten, Senioren und die Angehörigen von Minderheitengruppen. Network Marketing ist ein Geschäft, das jeden willkommen heißt und keinen diskriminiert. Wenn Sie Energie und echtes Engagement besitzen, dann werden Sie erfolgreich sein. Es ist so einfach.

Wenn Sie Menschen im Zusammenhang mit Network Marketing ansprechen, dann sollten Sie sich immer daran erinnern, dass bei jedem Kontakt drei Dinge passieren können und dass zwei von ihnen positiv sind. Nummer Eins: Der Person gefällt, was sie hört, und sie schließt sich Ihrem Team an und beginnt damit, ihre eigene Organisation aufzubauen. Zweitens: Sie wird kein Teammitglied werden wollen, aber die Produkte mögen und benutzen. Drittens: Sie wird einfach „Nein“ sagen. Das Entscheidende dabei ist: Will jemand, den Sie kennen, wirklich etwas? Sie haben einen Weg anzubieten, um es zu bekommen. Kennen Sie jemanden, der es satt hat, die Nase voll zu haben? Sie haben eine Lösung.

Wie geht man am besten mit der Angst vor Ablehnung um?

Es ist nicht einfach, aber wie mit so vielen Dingen, je mehr Sie etwas tun, desto besser und zuversichtlicher werden Sie damit umgehen. Am besten erinnert man sich immer daran, dass nicht Sie es sind, der zurückgewiesen wird, wenn Sie abgewiesen werden, sondern das, was Sie präsentieren, wird abgelehnt. Aus welchem Grund auch immer sind Menschen nicht immer in der Lage, „Ja“ zu sagen. Es hat absolut nichts mit Ihnen zu tun und man sollte es nicht persönlich nehmen.

Denken Sie auch daran, dass jeder mal abgewiesen wird. Erfolg ist nicht so sehr „nicht abgewiesen zu werden“, sondern es ist der Umgang damit und das unbeirrte Weitermachen trotz der Ablehnung. Es gibt einige positive Dinge, an die Sie sich erinnern können. Die Statistik ist auf Ihrer Seite.

Wenn Sie abgewiesen werden, ist es am besten, zu lächeln, die Hand zu schütteln, sich für die Zeit zu bedanken und gleich wieder von vorne anzufangen. Sie haben mit dem Network Marketing eine großartige Möglichkeit und es gibt zahllose Menschen da draußen, die gerade auf Sie warten, um die Möglichkeiten mit ihnen zu teilen.

Lesen Sie „Schiffe auf hoher See“ in dem Buch *„Schnellstart - In 45 Sekunden zum Erfolg“*. Das wird Ihnen helfen, dies zu verstehen.

Was ist eine „Downline“ genau?

„Downline“ ist ein Begriff, der im Network Marketing benutzt wird, um ein Vertriebsnetzwerk zu beschreiben. Für Sie ist es die Familie der Networker in Ihrer Organisation. Zu ihr gehören die Menschen, die Sie gesponsert haben, die Menschen, die von Ihnen gesponsert wurden und jeder, der von diesen Personen gesponsert wurde.

Sie sind auch Teil einer Downline, jener Downline der Person, die Sie gesponsert hat. Kein Zweifel, auch diese Person wurde ins Network Marketing gesponsert und ist Teil der Downline Organisation einer anderen Person.

Worin liegt der Vorteil einer Downline? Wäre es nicht besser, nur das Produkt zu verkaufen?

Das hängt davon ab, was Sie mit Network Marketing erreichen wollen. Wenn Sie die Absicht haben, etwas zusätzliches Geld jeden Monat zu verdienen, dann ist der Verkauf von Produkten gut. Wenn Sie sich das erstaunliche Einkommenspotential von Network Marketing erschließen wollen, dann ist der Aufbau einer Downline-Organisation entscheidend.

Jede Ebene in Ihrer Downline bringt eine immer größere Zahl von Vertriebspartnern für die Produkte oder Dienstleistungen Ihres Unternehmens. Wenn Sie Ihrer Downline Ebenen hinzufügen, steigt Ihr Einkommen in einem rasanten Tempo an, weil Sie jedes Mal, wenn von jemandem in Ihrer Organisation ein Verkauf getätigt wird, einen Override-Bonus verdienen. Network Marketing funktioniert wie eine Franchise-Kette.

Wenn Sie zehn Verkaufsstellen haben, werden Sie mehr Einkommen erzielen als wenn Sie nur eine Verkaufsstelle haben, weil Sie an jedem Verkauf in jedem Geschäft einen Prozentsatz mitverdienen. Weil jedes Mitglied Ihrer Familie ein unabhängiger Unternehmer ist, müssen Sie keine große Kapitaleinlage erbringen und kein umfangreiches Inventar unterhalten.

Die erfolgreichsten Menschen im Network Marketing erreichen ihren Erfolg durch den Aufbau großer, produktiver Downlines und nicht durch den bloßen Verkauf des Produkts ihres Unternehmens. Downlines multiplizieren Ihre Anstrengungen vielfach und sind der Schlüssel zu einem beträchtlichen Einkommen durch Network Marketing.

Wenn ich eine Downline aufgebaut habe, sollte ich dann weiterhin nach noch mehr Menschen suchen, um sie zu sponsern?

Ja! Wie bei jedem erfolgreichen Geschäft, müssen Sie sich immer weiter entwickeln und wachsen, um vital zu bleiben. Neue Menschen bringen neue Ideen und frischen Enthusiasmus. So bleiben Sie begeistert und einbezogen. Neue Menschen bringen völlig neue Freundeskreise und Familien mit, die Ihre Organisation vergrößern. Wenn es zur natürlichen Auslese kommt und Menschen abwandern und aufhören, dann revitalisieren diese neuen Mitglieder Ihr Geschäft.

Durch das ständige Eintreten neuer Menschen in Ihre Downline bauen Sie in die Breite, was Ihrer Organisation Stabilität verleiht. Ein zusätzlicher Vorteil ist, dass Ihre Downline entsprechend mitwächst, wenn Menschen sich in neue Bereiche begeben und neue Menschen treffen, die Sie sponsern können. Dies gilt, wo immer sie auch hingehen – so lange sie bei dem Produkt Ihres Unternehmens bleiben, sind sie Teil Ihrer Downline.

Ihre Gruppe wird mit dem Tempo der Führungskraft wachsen.

Sollte ich mit den Menschen in meiner Organisation individuell oder als Gruppe arbeiten?

Das hängt von der Situation, von den beteiligten Menschen und davon ab, was Sie erreichen wollen. Manche Mitglieder Ihrer Organisation werden sich in einer großen Gruppe von Menschen nicht wohl fühlen und sich Ihnen nicht öffnen oder für Ihre Botschaft nicht aufnahmefähig sein. Mit diesen Menschen muss man auf einer individuellen Basis arbeiten. Andere werden in einer Gruppensituation schwungvoll und motiviert.

Im Allgemeinen sind Einzelgespräche und kleine Gruppensitzungen die wirksamste Art, Menschen auszubilden und Probleme zu behandeln, die nur auf diese Gruppe begrenzt sind. Der Nachteil von einzelnen und kleinen Gruppensitzungen ist, dass sie mehr Zeit erfordern. Große Gruppenbesprechungen und Präsentationen sind bei manchen Dingen nicht so wirksam, aber eine äußerst effiziente Art, Informationen zu übermitteln und Ihre Organisation zu motivieren.

Nehmen Sie an, dass Sie beides tun wollen. Wenn Ihre Erfahrung im Network Marketing wächst, werden Sie in der Lage sein, zu bestimmen, was die geeignetste Art ist, um mit Ihrer Vertriebspartnerfamilie umzugehen.

Wir machen eine Menge so genannter „Sizzle-Sessions", normalerweise in einem Restaurant oder Café, um Ideen zu unserem Geschäft zu teilen. Lesen Sie mehr über Sizzle-Sessions in dem Buch *„Schnellstart - In 45 Sekunden zum Erfolg"*.

Wenn ich jemanden angeworben habe, wie schnell sollte ich ihn dazu ermutigen, mit dem Aufbau seiner Downline zu beginnen?

Sofort! Es wird immer jene Personen geben, die nur ins Network Marketing gehen, um die Produkte zu Großhandelspreisen zu kaufen oder als Einzelhandelsprodukt zu verkaufen, aber die überwiegende Mehrheit wird von der Möglichkeit motiviert, ein beträchtliches Einkommen zu verdienen. Es gibt absolut nichts, was mit dem Gewinnmotiv nicht in Ordnung wäre. Es bildet die Grundlage für das System der freien Marktwirtschaft und ist der Mittelpunkt des Strebens, Ihren Lebensstil zu verbessern. Network Marketing kann helfen, dies geschehen zu lassen, und die beste Art, dies zu tun, ist durch den Aufbau einer Organisation.

Damit Ihre Partner beginnen, einen Gewinn zu sehen, und auf diese Weise motiviert bleiben, ist es wichtig für sie, so schnell wie möglich mit dem Aufbau einer Downline zu beginnen. Es gibt immer eine gewisse Verzögerung zwischen dem Start und den ersten Override-Schecks. Je eher sie beginnen, desto schneller werden sie Geldeingänge verzeichnen.

Eine gute Art, neue Mitglieder in Ihrer Organisation zu ermutigen, ist es, sie zu fragen, ob sie vier oder fünf Menschen kennen, die ihr Leben selbst bestimmen wollen. Die meisten Menschen kennen mindestens so viele. Das ist der Punkt, an dem sie beginnen sollten. Wenn sie erst einmal einige neue Geschäftspartner gewonnen haben, können sie ihrerseits jedem einzelnen der neuen Geschäftspartner die gleiche Frage stellen. Es wird nicht lange dauern und sie sind auf dem Weg, eine erfolgreiche Organisation aufzubauen, und Sie werden Ihrer Downline eine weitere Ebene hinzugefügt und Ihr Einkommen entsprechend gesteigert haben. Mit dem „System" benötigt man weniger als zehn Minuten Schulung, um eine neue Person beginnen zu lassen.

Welche Verantwortung habe ich als Sponsor gegenüber den Menschen in meiner Organisation?

Einfach ausgedrückt ist es Ihre Verantwortung, Ihre Partner in jeder Ihnen möglichen Weise zu unterstützen, um ihnen zu helfen, eine hochqualifizierte und motivierte Downline aufzubauen. Sie sollten sie mit all den Schulungsmitteln versorgen, die sie brauchen, um erfolgreich zu sein. Seien Sie bereit, ihre Fragen zu beantworten und informieren Sie sie über die neuesten verfügbaren Hilfsmittel und Techniken, um ihr Ertragspotential zu steigern.

Wie oft Sie sich mit den Mitgliedern Ihrer Downline treffen sollten, hängt von einer Reihe von Faktoren ab, wie dem geographischen Bereich Ihrer Organisation und dem ausgedrückten Wunsch nach einem Treffen seitens der Menschen in Ihrer Downline. Grundsätzlich erfordern neue Vertriebspartner mehr Kontakte als erfahrene Geschäftspartner. Ein recht regelmäßiger Turnus der Kontakte ist am besten.

Erinnern Sie sich immer daran, dass Ihr Erfolg auf deren Erfolg basiert.

Tun Sie, was immer Sie tun können, damit Ihre Partner motiviert und erfolgreich bleiben und Sie werden Erfolge erzielen. Darum nennen wir es ein „Geschäft mit Menschen".

Wenn ein Kunde ein Problem hat, mit wem sollten Sie darüber sprechen?

Mit der Person, von der der Kunde die Ware bekommen hat. Genauso wie Sie einen engen Kontakt mit Ihrer Downline pflegen sollten, so sollten Sie und die Mitglieder Ihrer Downline auch Kontakt zu den Kunden unterhalten. Ohne ein Produkt zu bewegen wird niemand eine Zahlung erhalten. Zufriedene Kunden sind das Fundament dieses und jeden Geschäfts. Eines der wichtigsten Elemente in guten Kundenbeziehungen ist die menschliche Note. Es ist das Wissen, wenn sich ein Problem ergibt, können Sie zu der Person gehen, von der Sie das Produkt gekauft haben und das Problem lösen. Als letzten Ausweg verweisen Sie das Problem an das Unternehmen.

Wie groß sollte meine Organisation werden?

Machen Sie sich darüber keine Sorgen. Beim Network Marketing findet jeder sein eigenes natürliches Niveau. Beim Network Marketing gibt es keine künstlichen Hindernisse für den Erfolg, wie das bei so vielen Geschäften der Fall ist. Jeder wird so weit gehen wie sein eigener Wunsch und seine Energie es zulassen. Das ist der Grund, warum so viele Menschen von diesem Lebensstil angezogen werden. Hier ist der „amerikanische Traum" lebendig ... der Traum, dass jemand unabhängig davon, wie alt er ist, welchen Hintergrund er hat, wie lange er in die Schule ging oder wo er lebt, einen Erfolg erzielen kann, der dem entspricht, was er zu investieren bereit ist. Network Marketing spricht diesen natürlichen Elan der Menschen an. Das ist der Grund, warum diese Branche eine bedeutende Macht in der Geschäftswelt zu werden beginnt.

Sobald Sie einen Anfang gemacht haben, können Sie es nicht mehr stoppen, selbst dann nicht, wenn Sie es versuchten. Wir begannen mit einer Organisation von vier Mitgliedern und sie ist auf über 190.000 angewachsen. 3.000 neue Mitglieder pro Monat treten unserem Geschäft bei. Achtundneunzig

Prozent von diesen neuen Mitgliedern kommen von den ursprünglichen vier Mitgliedern.

Ist es eine gute Idee, wenn Eheleute gemeinsam in einem Network Marketing Geschäft arbeiten?

Grundsätzlich ja! Während es immer jene Ehen geben wird, in denen die Ehepartner besser nicht beruflich zusammen arbeiten, kann es in den meisten Fällen helfen, das Band der Ehe zu stärken, wenn Sie Seite an Seite mit Ihrem Ehepartner in einem von zu Hause aus betriebenen Geschäft wie Network Marketing arbeiten. Es ist ein Weg, einen gemeinsamen Fokus zu haben, Zeit zusammen zu verbringen und gemeinsame Ziele und Wünsche zu realisieren.

Das Arbeiten mit Ihrem Ehepartner kann auch einige sehr praktische Vorteile für Ihr Geschäft mit sich bringen. Es verdoppelt Ihre Fähigkeit, mit den Menschen in Ihrer Organisation in Kontakt zu bleiben. Es ermöglicht Ihnen, mehr neue Geschäftspartner zu kontaktieren. Es bietet die Möglichkeit zum kreativen Gedankenaustausch mit einer anderen Person, die gleichermaßen in das Geschäft einbezogen ist. Alles in allem ist das gemeinsame Betreiben des Geschäfts mit Ihrem Ehepartner eine Idee, die viel Sinn und wirklich Freude macht!

Wir sind über 40 Jahre verheiratet und waren 38 von diesen Jahren im Network Marketing tätig. Wir sind immer noch glücklich verheiratet und immer noch im Network Marketing.

Welche Probleme, wenn überhaupt, könnte es beim Arbeiten von zu Hause aus geben?

Wenige, wenn überhaupt! Die geringfügigen Unannehmlichkeiten und Ausgaben werden von den Einsparungen an Zeit und Geld, die ein solches Geschäft bietet, mehr als ausgeglichen.

Arbeiten von Zuhause aus spart wirklich viel Zeit. Wenn Sie all die Zeit zusammenrechnen, die Sie hinter dem Lenkrad eines Autos auf der Fahrt von und zu Ihrer Arbeit verbringen, wären Sie erstaunt und vielleicht etwas entsetzt. Weil Sie Ihre Geschäftsunterlagen in Ihrem eigenen Zuhause immer griffbereit haben, sind Sie in der Lage, sofort auf alle sich ergebenden Dinge zu reagieren und gute Ideen schnell umzusetzen. Es ermöglicht Ihnen, besser mit Ihrer Downline in Kontakt zu bleiben und es gibt Ihrer Organisation einen Ort, an dem Sie zu erreichen sind, wenn es notwendig ist.

Von einem rein finanziellen Standpunkt aus sind die Vorteile zahlreich. Nicht nur gibt es eine Reihe von Steuervergünstigungen für das Büro zuhause, es gibt auch viele damit verbundene Einsparungsmöglichkeiten. Ausgaben für das Auto, Büromiete und allgemeine Unkosten sind nur einige der Bereiche, in denen Sie Geld durch das Arbeiten von Ihrem Zuhause aus sparen.

Wie genau werde ich für die Produkte und Dienstleistungen entlohnt, die von meiner Downline bewegt werden?

Ihr Unternehmen kümmert sich darum. Es wird Ihnen eine Vertriebspartnernummer zuweisen und alle Produktbewegungen innerhalb Ihrer Downline aufzeichnen. Abhängig von der Downline-Ebene wird der korrekte Override-Prozentsatz automatisch ausgerechnet.

Das Unternehmen wird Ihnen dann einen Scheck ausstellen, normalerweise einmal pro Monat. Manche Unternehmen bieten auch Schnellstart-Boni an, die wöchentlich ausbezahlt werden.

Wie kann ich sicherstellen, dass ich alle meine Gewinne erhalte?

Sie werden einen Auszug von Ihrem Unternehmen erhalten, auf dem alle Aktivitäten innerhalb Ihrer Organisation verzeichnet sind. Mit diesem können Sie alle Transaktionen im Auge behalten und nachprüfen.

Es muss gesagt werden, dass die Unternehmen sehr darum besorgt sind, darauf zu achten, dass jeder die ihm zustehenden Zahlungen erhält. Sie können sich die Probleme vorstellen, die entstehen würden, wenn die

Menschen nicht korrekt behandelt und gerecht für ihre Anstrengungen bezahlt würden. Die Nachricht würde sich wie ein Lauffeuer ausbreiten und das betreffende Unternehmen wäre innerhalb von Tagen aus dem Geschäft. Die Unternehmen wissen das. Sie haben modernste Computersysteme online, um dafür zu sorgen, dass diese Probleme nicht auftreten. Natürlich sind wir alle nur Menschen und Fehler können manchmal vorkommen. Wenn dies geschieht, sind die Network Marketing Unternehmen sehr schnell und beheben das Problem. Sie wissen, dass eine Familie glücklicher Vertriebspartner der Schlüssel für ihren Erfolg ist.

Viele Unternehmen haben ein Backoffice, in dem Sie Ihre Entwicklung tagtäglich nachprüfen können.

Wer ist für die Bearbeitung von Aufträgen verantwortlich und wie lange dauert es, sie zu bearbeiten?

Die Person, die den Auftrag erzeugt, gibt ihn direkt an das Unternehmen. Das Unternehmen bearbeitet den Auftrag und sendet das Produkt entweder an den Vertriebspartner, der es dann an den Kunden liefert, oder liefert den Auftrag direkt beim Kunden aus. Letzteres ist üblich.

Die normale Lieferfrist der meisten Unternehmen beträgt ein paar Tage. Erkundigen Sie sich bei Ihrem Unternehmen nach der genauen Frist, die sie normalerweise brauchen, um Aufträge zu bearbeiten. Weil das Unternehmen dies alles für uns tut, müssen wir wirklich keinen Lagerbestand der Produkte haben.

Wer sollte mich schulen?

Die Person, die Sie ins Network Marketing eingeführt und Sie in ihre Downline gesponsert hat, ist die Person, die Sie schulen sollte. Nicht nur ist es ihre Verantwortung, Ihnen die erforderliche Schulung zuteil werden zu lassen, damit Sie im Network Marketing erfolgreich werden, sondern es ist auch geschäftlich sinnvoll.

Ihr Sponsor sollte Ihnen eine Liste mit den Namen und Telefonnummern der Personen in Ihrer Upline geben. Als neuer Vertriebspartner werden Sie jeden von ihnen anrufen und sich als neues Mitglied ihres Teams vorstellen wollen. Sie können ihnen auch eine E-Mail senden.

Der Erfolg Ihres Sponsors hängt direkt davon ab, wie gut Sie sich entwickeln. Wenn er Ihnen eine angemessene Schulung zuteil werden läßt, werden Sie Ihre Ziele schneller erreichen und im weiteren Verlauf weniger Aufmerksamkeit benötigen. Ebenso wird es Ihre Aufgabe sein, die Menschen auszubilden, die Sie in Ihrer Organisation sponsern.

Gibt es wirksame Schulungsmittel ... und was ist mit Schulen, Workshops und Seminaren?

Unbedingt! Eine ganze Branche hat sich entwickelt, um die Anstrengungen der Menschen zu unterstützen, die im Network Marketing tätig sind. Zu den Schulungsmaterialien gehören solche Dinge wie Bücher, DVDs, CDs, Schulungsunterlagen für neue Partner, Auszeichnungen und spezielle Artikel. Einige der besten von diesen Schulungsmaterialien wurden von Don und Nancy Failla produziert und in viele Sprachen übersetzt und in der ganzen Welt vertrieben.

Schulungen, Workshops und Seminare bieten nicht nur hervorragende Möglichkeiten, um mehr über eine Vielzahl von Network Marketing bezogenen Themen zu lernen, sie fungieren auch als ein ungeheures Motivationswerkzeug für neue Geschäftspartner und Sponsoren gleichermaßen. Workshops und Seminare werden normalerweise das ganze Jahr über in allen Teilen der Welt abgehalten. Führende Veranstaltungen finden regelmäßig an einigen der sensationellsten Urlaubsorten in der Welt statt.

Sie können Informationen über Schulungsmaterialien, Workshops, Seminare, Schulen und Beratungsdienstleistungen anfordern, indem Sie die Website www.donandnancyfailla.com besuchen.

Jeder ist zur unterhaltsamen Un-Convention-Kreuzfahrt eingeladen. Schauen Sie sich dieses Angebot ebenfalls auf der Website an.

Was ist der wichtigste Faktor, um im Network Marketing erfolgreich zu sein?

Es gibt nichts Kompliziertes oder Mysteriöses. Die Antwort ist einfach. Der Hauptfaktor für Erfolg im Network Marketing oder bei jedem anderen Vorhaben ist das VERLANGEN.

Wenn es kein aufrichtiges Verlangen gibt, kann es auch keinen echten Erfolg geben. Beim Network Marketing sind das Verlangen nach dem Geld, das sie brauchen, um ihre finanziellen Ziele zu erfüllen, und nach der Zeit, um das Leben und die Früchte ihrer Arbeit vollauf zu genießen, die Dinge, die die Menschen motiviert, ihre Ziele zu erreichen. Wir nennen dies „sein Leben selbst bestimmen“ und das ist das Geheimnis, warum Network Marketing so schnell wächst und so unglaublich erfolgreich ist.

Wir alle wissen, wie frustrierend es sein kann, mit einer Entscheidung konfrontiert zu werden zwischen A) hart arbeiten, um viel Geld zu verdienen, aber dann keine Freizeit für Vergnügungen mehr zu haben, und B) jede Menge Zeit zur Verfügung zu haben, aber kein Geld, um diese Zeit zu genießen. Network Marketing ist eine der wenigen Türen, die allen Menschen offen steht, um ein ansehnliches Einkommen zu verdienen und die Zeit zu haben, die man braucht, um ein erfülltes und befriedigendes Leben zu führen. Wir haben herausgefunden, dass eine Person etwas wirklich wollen muss, um damit erfolgreich zu sein!

Was ist der Hauptgrund dafür, dass manche Menschen im Network Marketing scheitern?

Wenn das Verlangen, etwas zu erreichen, die Grundlage für den Erfolg im Network Marketing ist, dann ist ein Mangel an Verlangen die Hauptursache für das Scheitern. Dies mag vereinfacht erscheinen, es bedarf also ein wenig mehr Erläuterung.

Wenn wir über Verlangen sprechen, ist es wichtig zu wissen, dass viele Menschen an einen „Wunsch“ denken, eine ziemlich vage und ungeklärte Unzufriedenheit damit, wie die Dinge sind. Unzufriedenheit ist kein

Verlangen. Unzufriedenheit ist eine negative Energie, die zur Resignation und zum Zynismus führen kann, wenn sie nicht in eine positive Handlung umgewandelt werden kann. Wir alle kennen Menschen, die ihre ganze Zeit damit verbringen, sich über den Zustand ihres Lebens zu beklagen, und nie das tun, was erforderlich ist, um ein „Wenn ich nur ... gemacht / gehabt hätte“ in ein „Ich bin froh, dass ich ... gemacht habe!“ umzuwandeln.

Im Gegensatz zur Unzufriedenheit ist das Verlangen eine positive Energie. Verlangen ist fokussierte Energie. Verlangen ist der Treibstoff, der uns antreibt, das zu tun, was erforderlich ist, um unsere Träume zu verwirklichen.

Mit dem „System“ kann jemand ein Geschäft aufbauen, wenn er wirklich etwas erreichen will. Die einzige Möglichkeit, zu scheitern, ist aufzugeben.

Sollte ich versuchen, Vertriebspartner aus den Downlines anderer Menschen anzuwerben?

Nein! Das ist nicht nur unmoralisch, es ist auch unklug. Es gibt eine Redensart: Wer andern eine Grube gräbt ... Wenn Sie versuchen, die Downline eines anderen zu plündern, um Ihre eigene zu besetzen, werden Sie auf verschiedene Arten verlieren. Zum einen schaffen Sie sich Feinde und Feinde haben die Angewohnheit, zurück zu kehren und Sie zu jagen, wenn Sie es am wenigsten erwarten oder verkraften können. Zweitens haben die Menschen, die Sie eventuell anwerben, sich als nicht loyal erwiesen und Sie können Ihnen nicht mehr vertrauen als die Person, die sie zuerst gesponsert hat. Drittens riskieren Sie zumindest einen Makel für Ihren Ruf und im äußersten Falle die Möglichkeit juristischer Maßnahmen.

Wenn Sie darüber nachdenken, gibt es keinen Grund, die Vertriebspartner anderer Personen abzuwerben. Es gibt eine Menge anderer neuer Geschäftspartner, die man sponsern kann. Wir alle kennen Menschen, die bereit und gewillt sind, die Qualität ihres Lebens zu verbessern. An sie hat man gedacht als Network Marketing entwickelt wurde.

Wie kann ich wissen, ob ein neuer Geschäftspartner es wirklich ernst meint und die Zeit für Kontakt und Schulung wert sein wird?

Hier können Ihnen gute Werkzeuge viel Zeit und Mutmaßungen ersparen. Wenn Sie versuchen, Network Marketing jedem neuen Geschäftspartner, den Sie kontaktieren, im Detail zu erklären, dann verbringen Sie Stunden mit jeder Person. Nicht nur wird das eine Menge Ihrer Zeit in Anspruch nehmen, es wird auch sehr schwierig werden, diese langen Sitzungen in die vollen Terminpläne anderer Menschen einzubauen. Sie könnten Gelegenheiten verpassen, Ihr Geschäft zu präsentieren, während die Menschen gleichzeitig nicht bereit sein werden, Ihnen mehrere Stunden ihrer Zeit zu widmen. Sie könnten auf Ihre Präsentation auf eine negative Weise reagieren, nur um aus der Situation heraus zu kommen. Sie riskieren auch die Möglichkeit, dass Sie eine Schlüsselinformation weglassen könnten.

Durch die Verwendung von Schulungsmitteln können Sie „intelligent arbeiten", indem Sie die Werkzeuge die Arbeit für Sie machen lassen. Sie können ihre eigenen Interessen verfolgen und Ihr neuer Geschäftspartner kann die Informationen möglichst bald und ohne Druck nachprüfen. Wir empfehlen Ihnen das Buch „Schnellstart - In 45 Sekunden zum Erfolg" zu lesen, damit Sie das Network Marketing verstehen, oder auch die Audioversion des Buchs. Dann betrachten Sie die DVD dazu, damit Sie lernen können, wie das „System" funktioniert*. Wenn der neue Geschäftspartner nach Durchsicht der Materialien „Ja" sagt, dann wissen Sie, dass Sie einen qualifizierten und motivierten Vertriebspartner für Ihre Downline gefunden haben.

* Derzeit nur in englischer Sprache erhältlich

Abschnitt Drei:

Fragen, die üblicherweise von fortgeschrittenen Vertriebspartnern gestellt werden

Muss ich viel Inventar haben und einen Raum, um es zu lagern?

Überhaupt nicht! Inventar ist wirklich nur von der Nachfrage nach Ihrem Produkt abhängig. Weil Network Marketing Unternehmen ihre Produkte normalerweise innerhalb von einer Woche ausliefern, werden Sie keinen großen Bestandsvorrat haben müssen, um Ihre Aufträge rechtzeitig zu erfüllen. Dieses Konzept nennt man „Null-Inventar" oder „Just-in-Time"-Inventar und wird bei einer Vielzahl von Unternehmen und Branchen immer beliebter, weil man damit die Kosten senken und wettbewerbsfähig bleiben kann.

Es gibt vier Gründe, eine geringe Menge des Produkts vorrätig zu haben. Zuerst wollen Sie etwas für Ihren persönlichen Gebrauch. Zweitens werden Sie hin und wieder einige Muster an neue Geschäftspartner und potentielle Kunden verteilen, um ihnen so das Network Marketing und Ihre Produktlinie vorzustellen. Drittens werden Sie Produkte für neue Vertriebspartner bereithalten müssen, damit sie ihr Geschäft in Gang bekommen. Viertens werden Sie einen kleinen Vorrat an Produkten für Einzelhandelszwecke anlegen müssen. Außer zu diesen Zwecken gibt es keinen Grund, große Bestände an Inventar vorrätig zu haben.

Werde ich ein Nutzfahrzeug wie einen LKW oder Transporter brauchen?

Nein! Ihr eigenes persönliches Auto ist absolut ausreichend. Da die meisten Network Marketing Unternehmen ihre Produkte direkt an den Kunden senden, werden Sie nur selten gebeten werden, eine Lieferung vorzunehmen.

Jedoch gibt es noch etwas anderes, woran Sie denken sollten: Ein

Auto vermittelt ein Bild von seinem Besitzer und weil Sie Ihren neuen Geschäftspartnern und Vertriebspartnern das Bild von einer erfolgreichen Person vermitteln wollen, ist es eine gute Idee, ein Auto zu fahren, das sauber und in einem guten Zustand ist. Sie müssen nicht unbedingt ein teures Fahrzeug fahren, aber wenn Sie in einem „Schrotthaufen" aufkreuzen, werden die Menschen es schwierig finden, Ihnen zu glauben, dass Sie ein erfolgreicher „Mann der Tat" im Network Marketing sind.

Wenn Sie nur ein älteres Fahrzeug haben, können Sie es im Hintergrund parken und sich im Café treffen. Selbst wenn Sie kein eigenes Auto besitzen, können Sie immer noch den Bus nehmen. Jemand, der entschlossen ist, erfolgreich zu sein, kann auch erfolgreich sein. Es gibt also keine Ausrede.

Kann ich meine Geschäftsausgaben abziehen?

Natürlich! Wie bei jedem legitimen Geschäft können auch beim Network Marketing alle Arten von Abschreibungen und abzugsfähigen Aufwendungen geltend gemacht werden. Weil Network Marketing grundsätzlich von zu Hause aus betrieben wird, können zusätzliche Abzüge rechtmäßig vorgenommen werden. Es ist immer am besten, diese Dinge mit einem qualifizierten Steuerberater zu besprechen. Wir empfehlen, dass Sie jemanden finden, der über Kenntnisse des Network Marketings verfügt. Wie Nancy sagt: „Wir reisen so viel ... unser ganzes Leben ist eine einzige Abschreibung!"

Hafte ich für Schäden, die sich aus der Verwendung von Produkten ergeben, die ich über meine Downline vertreibe?

Nein. Die Network Marketing Unternehmen haben eine Produkthaftpflichtversicherung. Wenn Sie natürlich wissentlich fehlerhafte Produkte vertreiben oder das Produkt in einer Weise verändern, wodurch es unsicher wird, könnten Sie zur Verantwortung gezogen werden.

Wie kann ich dafür sorgen, dass ich selbst und meine Downline motiviert bleiben?

Wenn Sie Ihr Geschäft auf die korrekte Weise betreiben, wird dies überhaupt kein Problem sein. Der Grund dafür hat mit der Art des Geschäfts selbst zu tun. Sie beteiligen sich am Network Marketing in erster Linie wegen Ihres Wunsches, Ihr Leben selbst zu bestimmen. Sie waren von dem Bedürfnis motiviert, bestimmte finanzielle Zielsetzungen und persönliche Ziele zu erreichen. Das Erreichen von Zielen ist ihr eigener bester Motivator. „Nichts ist so erfolgreich wie der Erfolg" ist eine andere Art, dies auszudrücken. Die Belohnungen, die sich aus dem Besitz und Betrieb eines erfolgreichen Geschäfts, das von zu Hause aus betrieben wird, ergeben, sind so, dass Sie immer die direkten Früchte Ihrer Anstrengungen sehen können. Bei so vielen anderen Tätigkeiten können Sie pausenlos hart arbeiten und trotzdem nie richtig vorwärts kommen. Entweder ist die Bezahlung gering oder die Kosten fressen die Gewinne auf. Beim Network Marketing ist die anfängliche Investition gering, die Kosten sind minimal, aber die Entlohnung ist beträchtlich.

Der Schlüssel, um motiviert zu bleiben, stand im ersten Satz dieser Antwort ... Sie müssen Ihr Geschäft auf die korrekte Weise betreiben! Unterrichten und schulen Sie Ihre Downline so, dass sie erfolgreich sein wird. Bieten Sie ihnen die besten Schulungsmmaterialien und Unterstützung. Besuchen Sie Seminare, Workshops und Schulungen. Veranstalten Sie Ihre eigenen Sizzle-Sessions und Präsentationen von bekannten Motivationsrednern und Experten aus diesem Bereich. Besuchen Sie regelmäßig die Menschen in Ihrer Organisation (Ihre Vertriebspartner), um sie wissen zu lassen, dass Sie sich Ihrem Erfolg verschrieben haben. Und zuletzt – aber nicht im Geringsten – genießen Sie die Freiheit und finanziellen Belohnungen, die das Network Marketing bietet. Spielen Sie Golf, reisen Sie, fangen Sie an, Boot zu fahren, spielen Sie Tennis, gehen Sie einkaufen oder fahren Sie das Auto, das Sie immer gewollt haben. Was auch immer es ist, belohnen Sie sich. Sie verdienen es!

Sollte ich meine Bemühungen nur darauf konzentrieren, Vertriebspartner zu finden, und den Einzelhandel mit meinem Produkt vergessen?

Nein! Machen Sie auf keinen Fall diesen Fehler. Der Einzelhandel einer

Produktlinie ist das Fundament und Herzstück eines legitimen Network Marketing Geschäfts. Ich kann das nicht oft genug betonen!

Zuallererst: Wenn kein Produkt verkauft und verteilt wird, dann existiert das Geschäft nur auf dem Papier und ist gefährlich nahe an der Definition von einem „Schneeballsystem". Network Marketing ist keine Gaunerei. Es ist eine legitime Geschäftsform und als solche kann darauf vertraut werden, dass es langfristiges Wachstum und ein stabiles Einkommen erwirtschaftet, vorausgesetzt, dass man den Grundprinzipien eines jeden Geschäfts folgt ... dass Produkte oder Dienstleistungen geliefert werden und eine Zahlung erhalten wird.

Der Einzelhandel ist auch aus anderen Gründen wichtig. Er erzeugt unmittelbares Einkommen. Er erzeugt Produktbewusstsein und mit dem Produktbewusstsein kommen Empfehlungen und neue Kontakte. Alles in allem sind Einzelhandelsumsätze ein wesentlicher Teil Ihres Geschäfts. Sie bekommen Ihre Einzelhandelskunden von den Menschen, die die Möglichkeiten nicht wollen, aber die einzigartigen Produkte mögen.

Wie kann ich Menschen außerhalb meines Freundeskreises, meiner Familie und zufälligen Bekanntschaften erreichen?

Dies ist eine weitere jener Sorgen, die sich von selbst auflösen. Es ist die Art, wie Network Marketing funktioniert. Der Kreis der Kontakte wird sich immer weiter ausdehnen, jedes Mal, wenn eine neue Person in die Organisation eingebracht wird. Sie wird ihren eigenen Kontaktkreis mitbringen und dies wird wiederum Ihren Vorrat an neuen Geschäftspartnern stärken und erneuern. Denken Sie daran: Sie gewinnen einen Freund und treffen seine Freunde.

Wenn ich einige Menschen in einer nahegelegenen Stadt kenne, sollte ich sie alle sponsern oder einen auswählen und diese Person den Rest sponsern lassen?

Wählen Sie die Person, von der Sie glauben, dass sie die beste Mischung aus Geschäftssinn und Motivationsfähigkeit besitzt. Sponsern Sie den Rest unter dieser Person. Wenn Sie sie alle selbst sponsern, riskieren Sie, dass jeder mit jedem konkurriert anstatt sich gegenseitig zu unterstützen.

Bevor Sie jedoch jemand unter jemanden platzieren, veranstalten Sie ein Treffen, um sich zu vergewissern, dass sie in der Lage sein werden, zusammen zu arbeiten. Wenn das nicht möglich ist, dann sponsern Sie die betreffende Person selbst.

Wenn ich in eine andere Stadt, ein anderes Bundesland oder ein anderes Land umziehe, kann ich dann meine Organisation immer noch betreiben?

Ja! Wenn Sie getan haben, was erforderlich ist, um eine gut geführte und erfolgreiche Network Marketing Organisation aufzubauen, wird sich das nicht in heiße Luft auflösen. Sie müssen dann und wann zurückkehren, um zu sehen, ob alles glatt verläuft, aber die von der Downline erwirtschafteten Erträge werden Sie für diese gelegentlichen Besuche mehr als entschädigen.

Es gibt eine hohe Wahrscheinlichkeit, dass Mitglieder der vorherigen Organisation in der Lage sein werden, Sie mit Kontakten an Ihrem neuen Standort zu versorgen. Dies wird Ihnen helfen, eine weitere Organisation zu beginnen. Viele erfolgreiche Menschen im Network Marketing betreiben Downlines an mehr als einem Standort.

Heutzutage bietet Skype eine großartige Möglichkeit, um Kontakt zu halten. Es ist nicht an ein Netz angeschlossen und es ist kostenlos (siehe www.skype.com, um sich einzuschreiben). Alles, was Sie brauchen, ist ein Mikrophon und einen Kopfhörer für Ihren Computer. Mit Skype können Sie mit anderen Skype-Benutzern überall in der Welt komunizieren. E-Mail und Telefon sind auch gute Möglichkeiten, um in Kontakt zu bleiben.

An welchem Punkt sollte ich darüber nachdenken, meine normale Tätigkeit aufzugeben, um mein Network Marketing Geschäft ganztags zu betreiben?

Wenn es soweit ist, werden Sie es wissen. Jeder Fall ist anders. Nur Sie kennen die Einzelheiten Ihrer einzigartigen Situation. Eine Reihe von Faktoren spielen hier eine Rolle. Wie viel Einkommen bringt Ihr augenblicklicher Beruf? Wie glücklich sind Sie in Ihrer momentanen Arbeit? Wie viel Zeit erfordert sie? Macht es Ihnen Ihr „normaler" Job schwer, das Optimale aus Ihrem Network Marketing Geschäft heraus zu holen? Wie sicher ist Ihr Arbeitsplatz? All diese Dinge müssen berücksichtigt werden.

Die beste Antwort, die ich hier geben kann, sind einige grundsätzliche Richtlinien. Zuallererst sollten Sie Ihre Haupttätigkeit nicht aufgeben, bis die Einkünfte aus Ihrem Network Marketing Geschäft das übersteigen, was Sie sonst verdienen. Hören Sie zweitens nicht auf, bevor nicht Ihr Einkommen aus dem Network Marketing das aus Ihrem normalen Job vier Monate in Folge übersteigt. Wie bei jeder anderen selbständigen Tätigkeit wird das Einkommen schwanken. Wenn Sie das Einkommen aus Ihrer gegenwärtigen Arbeit zusammenrechnen, dann sollten Sie solche Dinge wie medizinische Versorgung, Versicherungs- und Rentenbeiträge nicht vergessen. Das sind Dinge, die Sie werden ersetzen müssen, und sie sollten berücksichtigt werden.

Sie brauchen das Einkommen aus Ihrer regelmäßigen Aufgabe, während Sie die Grundlage für Ihr neues Network Marketing-Geschäft schaffen. Manchmal kann das Einkommen eines Ehepartners die Familie unterstützen, während Sie anfangen.

Welche Vorteile hat es, eine Organisation aufzubauen, die mindestens drei Ebenen tief ist?

Stabilität und einkommenserzeugendes Potential sind die beiden Hauptgründe, um mindestens drei Ebenen tief in Ihrer Downline zu gehen. Das wird Ihnen eine feste Basis verleihen, auf der Sie expandieren können und die Ihnen das Einkommen verschaffen wird, das man braucht, um den

Network Marketing Lebensstil zu genießen und einige Ihrer Erträge wieder zu investieren, damit Ihr Geschäft wächst und gedeiht.

Sie werden nicht verdoppeln, es sei denn, Sie sind drei Ebenen tief. Drei Ebenen geben Ihnen eine Organisation, die 155 Menschen stark ist (basierend auf fünf Menschen in der ersten Ebene mit je fünf Menschen, die gesponsert werden, die wiederum je fünf weitere Menschen sponsern). Eine vierte Ebene wird weitere 625 Menschen hinzubringen. Mit einer fünften Ebene wird die Organisation insgesamt 3.906 Vertriebspartner einschließlich Ihnen umfassen.

Denken Sie daran, dass Sie nur mit den ersten drei Ebenen Ihrer Organisation direkten Kontakt halten müssen. Darüber hinaus übernimmt Ihr Vertriebspartner-Netzwerk, genau so wie Sie dies für Ihre Upline tun. Ihr Unternehmen verfolgt die Aktivitäten Ihrer Downline und versorgt Sie mit regelmäßigen Berichten.

Gibt es Hilfsmittel, die es mir erlauben, Menschen zu kontaktieren, die andere Sprachen sprechen oder in anderen Ländern leben?

Ja, es gibt Hilfsmittel in vielen Sprachen. Gehen Sie zu www.donandnancyfailla.com und klicken Sie auf „Sprachen“ und Sie werden eine Liste aller Sprachen sehen sowie die Daten des Verlegers, an den Sie sich wenden können.

Welche Investitionen kann ich in mein Geschäft tätigen, damit es schneller wächst?

Je mehr Sie in die Mitglieder Ihrer Downline investieren, desto mehr wird Ihr Geschäft wachsen und gedeihen. Denken Sie immer daran, dass das Network Marketing ein „Geschäft mit Menschen“ ist. Investieren Sie in den Erfolg Ihrer Vertriebspartner und sie werden Sie erfolgreich machen. Tun Sie, was auch immer Sie tun müssen, um ihnen zu helfen, ihre Ziele zu erreichen. Schulen Sie sie gut. Bieten Sie ihnen Schulungsmittel, um ihnen bei der Herstellung von Kontakten zu helfen, und schulen Sie ihre neuen

Geschäftspartner. Versorgen Sie sie mit Motivationsmaterialien und belohnen Sie ihre Anstrengungen mit Anerkennungen und Leistungsanreizen. Werden Sie nicht gierig und hamstern Sie nicht all die Gewinne. Kümmern Sie sich um Ihren Garten und Sie werden zehnfach und mehr belohnt!

Zum Beispiel geben wir jedem, den wir persönlich sponsern, fünf Ausgaben des Buches *„Schnellstart - In 45 Sekunden zum Erfolg“*. Wenn Sie Ihren Vertriebspartnern Schulungsmaterialien geben, werden sie einen schnelleren Start haben.

Wenn ich eine Präsentation bei einem verheirateten Paar gebe, sollte ich warten bis beide Partner gemeinsam Zeit haben?

Nein. Es könnte nie der Fall sein. Es ist einfach eine Tatsache des heutigen Lebens, dass die Menschen sehr beschäftigt sind. In den meisten Fällen arbeiten beide Partner. Sie könnten Wochen damit vergeuden, auf die Gelegenheit zu warten, beiden Parteien zum gleichen Zeitpunkt das Network Marketing zu präsentieren. Es ist am besten, einem Partner ein wirksames Schulungsmittel wie *„Schnellstart - In 45 Sekunden zum Erfolg“* zu überreichen und die Information an den anderen Partner weitergeben zu lassen. Wenn sie wirklich interessiert sind, werden sie auf Sie zurückkommen.

Sollte ich mich darauf konzentrieren, zuerst Menschen in meinem örtlichen Umfeld zu sponsern?

Nicht unbedingt. Sie sollten da sponsern, wo Sie die besten Aussichten sehen, um neue Geschäftspartner ausfindig zu machen. Wenn das vor Ort ist – prima. Wenn Sie qualifizierte neue Geschäftspartner in einem anderen Bereich kontaktieren können: tun Sie es!

Wir leben in einer äußerst mobilen Gesellschaft. Vielleicht kamen Sie zu Ihrem gegenwärtigen Standort von woanders. Die Chancen sind ziemlich gut, dass die Leute, die Sie sponsern, woanders wohnen. In beiden Fällen pflegen Sie immer noch die Kontakte an diesen Orten. Diese Kontakte gehören wahrscheinlich zu Ihren besten. Sie zu ignorieren, nur weil Sie in einer anderen Stadt, Region oder einem anderen Land leben, macht keinen Sinn. Wenn Sie nicht wissen, wie man aus der Ferne fördert, könnten Sie Ihre besten Vertriebspartner verlieren. Lesen Sie *„Das System“* von Don und Nancy Failla. Es ist wirklich viel leichter als Sie vielleicht denken.

Mein Sponsor ist ausgeschieden, was tue ich jetzt?

Wenden Sie sich an Ihre Upline um Unterstützung. Sie sollten bereits jeden – mindestens drei oder vier Ebenen aufwärts – kennen, entweder persönlich, telefonisch oder per E-Mail. Sie werden Ihnen helfen können, so dass Ihre Organisation weiterhin reibungslos funktionieren kann.

Meine Upline gibt mir keine Unterstützung, kann ich meine Sponsoren wechseln?

In den meisten Fällen können Sie dies tun, aber dies sollte ein letzter Ausweg sein. Im Allgemeinen verlangen die Unternehmen eine sechsmonatige Wartezeit und Sie werden dabei Ihre Downline verlieren. Die Details der Regelungen Ihres Unternehmens für diesen Vorgang entnehmen Sie Ihren Vertriebspartner-Richtlinien und -verfahren. Es ist immer besser, alternative Lösungen zu finden, als Ihr Vertriebspartner-Netzwerk zu verlieren und von neuem am Punkt Null beginnen zu müssen.

Wie tief sollte ich in meiner Organisation direkte Unterstützung anbieten?

Drei Ebenen tief ist sowohl vernünftig als auch effizient. Schließlich haben Sie, wenn Sie die erprobten Richtlinien befolgen, bei drei Ebenen eine Gesamtsumme von 155 Menschen zu betreuen. Darüber hinaus übernimmt Ihr Vertriebspartner-Netzwerk. Wenn jeder sich um drei Ebenen kümmert, wird das Geschäft reibungslos funktionieren und jeder wird all die Unterstützung erhalten, die er braucht. Damit meinen wir drei Ebenen „ernsthafter“ Vertriebspartner. Wenn jemand innerhalb dieser drei Ebenen inaktiv ist, dann zählen Sie ihn nicht und arbeiten mit einer tieferen Ebene.

Denken Sie daran, dass Sie nicht die ganze Arbeit machen müssen. Das ist das Schöne am Network Marketing. Holen Sie sich eine Menge Menschen, von denen jeder etwas von der Arbeit übernimmt, und jeder gedeiht und hat die Zeit, das Leben zu genießen. Wenn Sie sich selbst umbringen, dann arbeiten Sie nur hart, aber Sie arbeiten nicht intelligent.

Wie hoch ist das langfristige Wachstumspotential von Network Marketing?

Es ist fantastisch! Wenn Sie zunächst an all die im Network Marketing Konzept eingebauten Vorteile denken und dann überlegen, wie viele Menschen bereit und willens sind, die Verantwortung für Ihr Leben zu übernehmen und ihre Träume von einem besseren Leben zu verwirklichen, dann ist das Wachstumspotential erstaunlich. Jetzt fügen Sie die Tatsache hinzu, dass das Network Marketing gerade erst beginnt, in den weltweiten Markt vorzudringen, und die Zukunft dieser Branche ist wahrhaft atemberaubend. Es ist wirklich nicht die Frage, ob Network Marketing wachsen und gedeihen wird, die Frage ist einfach nur, wer den Weitblick und den Elan hat, um die Chance zu ergreifen und den Traum zu leben? Wer wird aufstehen und sagen: „Ich will mein Leben selbst bestimmen! Lasst uns jetzt beginnen!"

Was tue ich, wenn meine Frage in diesem Buch nicht beantwortet wurde?

Lassen Sie es uns wissen. Schicken Sie Ihre Frage per E-Mail an: donandnancyfailla@mlm-training.com.

Wir werden Ihnen umgehend eine Antwort senden und Ihre Frage zu den Unterlagen nehmen, um sie möglicherweise in eine zukünftige Auflage dieses Buchs aufzunehmen.

Was ist eine Un-Convention?

Die meisten Menschen kennen so genannte Conventions (Konferenzen). Sie finden an einem wunderschönen Ort statt und Sie können die Einrichtungen nicht genießen, weil Sie den ganzen Tag in Besprechungen sitzen. Auch sagt man, dass Sie am meisten in den Pausen lernen, wenn man Ideen mit den erfolgreichen Vertriebspartnern austauscht.

Vor vielen Jahren sagten wir uns: „Wenn das wahr ist, dann werden wir Un-Conventions veranstalten und es wird keine Besprechungen geben. Nur eine einzige große Pause." Wir haben uns dazu entschlossen, dies auf Kreuzfahrtschiffen zu tun. Die Vertriebspartner kommen aus allen Teilen der Welt.

Um mehr über unsere nächste Un-Convention zu erfahren, gehen Sie zu www.donandnancyfailla.com, dann klicken Sie auf „Kreuzfahrt". Sie sind alle eingeladen (Kreuzfahrt in den Vereinigten Staaten).

Wer sollte die goldene „OWN YOUR LIFE" Nadel tragen?

Jeder, dem es ernst damit ist, sein Leben selbst zu bestimmen.

Was sagen Sie, wenn jemand Sie nach Ihrer goldenen „OWN YOUR LIFE" Nadel fragt?

Wir sagen, dass sie dafür steht, die Zeit und das Geld zu haben, um zu tun, was Sie tun wollen, wenn Sie es tun wollen. Aber dann stellen wir eine Frage: „Kennen Sie jemanden, der gerne reist und in Urlaub geht / Ferien macht?" Das ist der perfekte Einstieg in „das System".

Warum sollte jeder jederzeit die „OWN YOUR LIFE" Nadel tragen?

Lassen Sie mich das mit einem Beispiel beantworten. Wenn wir auf einer Un-Convention-Kreuzfahrt mit fast 3.000 neuen Geschäftspartnern sind, ich meine die Passagiere, und Nancy und ich die einzigen sind, die die „OWN YOUR LIFE" Nadel tragen, werden wir fünf bis zehn Menschen während der Kreuzfahrt treffen, die uns nach der Nadel fragen.

Jetzt lassen Sie uns annehmen, dass wir 40 andere Menschen (Personen) bei uns auf der Kreuzfahrt haben, die alle die Nadel die ganze Zeit tragen. Da sich die Passagiere überall aufhalten und unsere 40 Vertriebspartner sich auch alle überall bewegen, ist es ziemlich schwer vorstellbar, dass eine Person sich mehr als einige Minuten irgendwo aufhält, ohne die Nadel zu sehen.

Die Neugier steigt so sehr, dass jeder 50 bis 60 Menschen treffen wird, die nach ihr fragen werden. Dieses Beispiel funktioniert auch in Ihrer Heimatstadt. Je mehr Menschen die Nadel tragen, desto mehr Neugier wird sie erwecken.

Brauche ich meine eigene persönliche Website?

Ja. Das kann eine große Hilfe sein, wenn Sie mit Leuten sprechen, die Sie gerade trafen. Sie können nicht jedem, den Sie treffen, ein Buch geben. Sie brauchen ein Überprüfungsverfahren, um sich zu vergewissern, ob eine Person wirklich interessiert ist. Wir lassen die neuen Geschäftspartner zu unserer Website gehen und wenn sie interessiert sind, dann werden sie den Fragebogen ausfüllen. Wenn sie die „Senden"-Taste drücken, gelangt ihre Information in unsere E-Mail. Wir kontaktieren dann den neuen Geschäftspartner und entscheiden, ob wir ihm ein Buch senden sollten. Besuchen Sie unsere Website www.45sekunden.de

Sie können ebenfalls Ihre eigene persönliche Website haben. Klicken Sie einfach auf den Link „Ihre eigene Website".

Wie bekomme ich eine „Lebensstil-Trainer" Visitenkarte?

Gehen Sie einfach zu www.45sekunden.de und klicken Sie auf „Visitenkarte" oder gehen Sie zu Ihrer Druckerei.

Muss ich eine Liste von 100 Namen haben, um mit dem Aufbau meines Geschäfts beginnen zu können?

Nein. Dies ist Network Marketing, nicht Direktverkauf. Sie haben Ihrem neuen Geschäftspartner gesagt, dass jeder dieses Geschäft betreiben kann. Wenn das Erste, was aus Ihrem Mund kommt, nachdem sie unterschrieben haben, die Aufforderung ist, eine Liste mit 100 Namen zu erstellen ... das sagt ein Verkaufsleiter zu einem Verkäufer. Warum sollten Sie eine Liste von 100 Namen brauchen, um eine Person zu sponsern? Sie wissen, wer Ihre Freunde sind.

Wir empfehlen eine kurze Liste. Stellen Sie sich vor, wie Sie auf unsere Un-Convention-Kreuzfahrt gehen. Wer sind die fünf Freunde, von denen Sie wünschen würden, dass sie die Zeit und das Geld haben, um mit Ihnen gehen zu können? Das ist alles, was Sie brauchen, um zu beginnen. Sie haben Ihr Geschäft gestartet, wenn Sie eine Person gesponsert haben. Jetzt helfen Sie ihnen, ihre erste Person zu sponsern und auszubilden. Setzen Sie das fort bis Sie drei Ebenen tief sind ... jede neue Person sponsern und lehren. So sichern Sie Ihren Erfolg und alle anderen lernen auch, wie sie ihren Erfolg sichern. Bearbeiten Sie zuerst die Downline. Arbeiten sie danach quer.

Welches sind die größten Probleme, die Verkäufer mit dem Network Marketing haben?

Wenn Sie eine Verkäuferpersönlichkeit in Ihr Geschäft werben, dann wird sie denken: „Ich werde eine Menge Menschen anwerben, die für mich arbeiten." Mit dieser Art zu Denken werden sie es im Network Marketing nie weit bringen. Wir werben keine Menschen an, um für uns zu verkaufen. Wir sponsern Menschen, damit wir für sie arbeiten können. Das ist das genaue Gegenteil von dem, wozu Verkäuferpersönlichkeiten in ihrem ganzen Leben verwendet worden sind.

Ein Verkäufer kann sehr erfolgreich sein ... WENN er das Network Marketing erlernt. Verkauf und Network Marketing vermengen sich wie Öl und Wasser. Überhaupt nicht!

Begriffsdefinitionen

Die folgenden Begriffe wurden im Kontext des Network Marketings definiert.

Unternehmen: Der Hersteller / Anbieter der Waren / Dienstleistungen, die über Network Marketing vermarktet und vertrieben werden. Jeder im Network Marketing schließt sich einem Unternehmen an und vermarktet das Produkt / die Dienstleistung dieses Unternehmens.

Kunde: Die Person, die das Produkt / die Dienstleistung Ihres Unternehmens kauft und benutzt. Auch „Verbraucher" genannt.

Vertriebspartner: Jemand, der in ein Unternehmen gesponsert wurde und sich einer Network Marketing Organisation als Teil einer Downline anschließt. Die Vertriebspartner können dann das Produkt vermarkten und andere sponsern, die wiederum Vertriebspartner werden. Auf diese Weise werden der Organisation neue Ebenen hinzugefügt.

Downline: Alle Mitglieder Ihrer Organisation. Dazu gehören nicht nur jene Personen, die Sie direkt für Ihr Unternehmen gesponsert haben, sondern sie schließt jeden ein, den sie wiederum als Vertriebspartner sponsern.

Frontline: Jene Vertriebspartner in Ihrer Organisation, die sich direkt unter Ihnen in Ihrer Downline befinden.

Ebene: Eine Vertriebsstufe innerhalb der Organisation. Jede Ebene unter Ihnen stellt Ihre Downline dar.

Fern-Sponsoring: Sponsoring und Gewinnung von neuen Vertriebspartnern für Ihre Organisation per Post, Telefon, Fax, E-Mail oder Websites usw. Auf diese Weise kann Ihr Potential an neuen Geschäftspartnern beträchtlich erhöht werden.

Network Marketing: Ein Marketinginstrument, das mehrere Ebenen mit Menschen in einer Organisation nutzt, um Waren und Dienstleistungen vom Produzenten zum Verbraucher zu bewegen, wobei direkter Kontakt eingesetzt wird, um das Produkt zu bewerben und zu vertreiben.

MLM (Multi-Level-Marketing): Siehe Network Marketing

Organisation: Alle Ebenen eines Network Marketing Geschäfts vom und einschließlich dem Betreiber des Geschäfts an abwärts. Dazu gehören Sie und jeder in Ihrer Downline.

Neue Geschäftspartner: Jede Person, die ein potentieller Vertriebspartner für Ihre Network- Organisation ist. Neue Geschäftspartner können aus jedem Bereich der Bevölkerung kommen und es kann sich dabei um Familienmitglieder, Freunde, Geschäftspartner oder völlig Fremde handeln, die Sie an irgendeinem beliebigen Tag treffen.

Qualifizierter neuer Geschäftspartner: Jemand, der aufgrund seiner individuellen Umstände ein überdurchschnittliches Potential dafür besitzt, sich für Network Marketing zu interessieren, es zu erlernen, bei Ihrem Unternehmen zu unterschreiben und als Vertriebspartner erfolgreich zu sein.

Empfehlungsmarketing: Siehe Network Marketing

Sizzle-Session: Kurze informelle Brainstorming- und Informationssitzungen. Diese Treffen finden üblicherweise bei jemandem zuhause, in einem Restaurant oder Café statt und es nehmen normalerweise Sponsoren und Mitglieder Ihrer Downline daran teil.

Skype: Eine Kommunikationsmethode über das Internet, die nichts kostet (www.skype.com).

Sponsoring: Eine Person für das Unternehmen gewinnen, das Sie repräsentieren. Sobald die Person eine Vertriebspartnervereinbarung mit dem Unternehmen unterschreibt, wird sie Vertriebspartner innerhalb Ihrer Organisation und Bestandteil Ihrer Downline und kann dann andere sponsern, also zusätzliche Ebenen in Ihrer Organisation aufbauen.

Schulungsmittel: Alle informativen und motivierenden Unterlagen, die dazu beitragen, die Nachricht und Essenz des Network Marketings zu vermitteln. Dies können Bücher, DVDs oder CDs sein. Schulungsmittel sind eine Quelle von unschätzbarem Wert. Sie vermitteln korrekte Informationen, während sie Ihnen wertvolle Zeit sparen. Praktisch alle besonders erfolgreichen Vertriebspartner bauen ihre Organisationen mit Hilfe von Schulungsmitteln auf.

Upline: Jeder über Ihnen im Vertriebsnetzwerk. Dazu gehört die Person, die Ihnen die Network-Möglichkeit mitteilte und Sie bei Ihrem Network Marketing-Unternehmen förderte.

Schulungsmaterialien

Gehen Sie zu: www.mlm-training.com

Ihre eigene Visitenkarte mit „Die 45-Sekunden-Präsentation“ auf der Rückseite: **KLICKEN SIE AUF** „Visitenkarten“.

Bestellung von Büchern:

- „Schnellstart - In 45 Sekunden zum Erfolg““
- „Das System“
- „Frauen auf Erfolgskurs“
- „Fragen und Antworten“
- „Es macht Spaß, frei zu sein“
- „Ein besserer Weg zu einem besseren Leben“

Besuchen Sie www.45sekunden.de

Diese Titel in anderen Sprachen?
Besuchen Sie www.donandnancyfailla.com und **KLICKEN SIE AUF** „Sprachen“.